中国国家公园丛书

WANGU DANSHAN

万古丹山

－ 武　夷　山 －

何向阳　著

中国林业出版社
China Forestry Publishing House

出版人

刘东黎

策划

纪亮

编辑

何增明　孙瑶　盛春玲

张衍辉　袁理

总序

一

  我国于2013年提出"建立国家公园体制"，并于2015年开始设立了三江源、东北虎豹、大熊猫、祁连山、海南热带雨林、武夷山、神农架、香格里拉普达措、钱江源、南山10处国家公园体制试点，涉及青海、吉林、黑龙江、四川、陕西、甘肃、湖北、福建、浙江、湖南、云南、海南12个省，总面积超过22万平方公里。2021年我国将正式设立一批国家公园，中国的国家公园建设事业从此全面浮出历史地表。

  国家公园不同于一般意义上的自然保护区，更不是一般的旅游景区，其设立的初心，是要保护自然生态系统的原真性和完整性，同时为与其环境和文化相和谐的精神、科学、教育和游憩活动提供基本依托。作为原初宏大宁静的自然空间，它被国家所"编排和设定"，也只有国家才能对如此大尺度甚至跨行政区的空间进行有效规划与管理。1872年，美国建立了世界上第一个国家公园——黄石国家公园。经过一个多世纪的发展，国家公园独特的组织建制和丰富的科学内涵，被世界高度认可。而自然与文化的结合，也成为国家公园建设与可持续发展的关键。

  在自然保护方面，国家公园以保护具有国家代表性的自然生态系统为目标，是自然生态系统最重要、自然景观最独特、自然遗产最精华、生物多样性最富集的部分，保护范围大，生态过程完整，具有全球价值、国家象征，国民认同度高。

  与此同时，国家公园也在文化、教育、生态学、美学和科研领域凸显杰出的价值。

  在文化的意义上，国家公园与一般性风景保护区、营利性公园有着重大的区别，它是民族优秀文化的弘扬之地，是国家主流价值观的呈现之所，也体现着特有的文化功能。举例而言，英国的高地沼泽景观、日本国立公园保留的古寺庙、澳大利亚保护的作为淘金浪潮遗迹的矿坑国家公园等，很多最初都是传统的自然景观保护区，或是重点物种保护区以及科学生态区，后来因为文化认同、文化景观意义的加深，衍生出游憩、教育、文化等多种功能。

英国1949年颁布《国家公园和乡村土地使用法案》，将具有代表性风景或动植物群落的地区划分为国家公园时，曾有这样的认识："几百年来，英国乡村为我们揭示了天堂可能有的样子……英格兰的乡村不但是地区的珍宝之一，也是我们国家身份的重要组成。"国家公园就像天然的博物馆，展示出最富魅力的英国自然景观和人文特色。在新大陆上，美国和加拿大的国家公园，其文化意义更不待言，在摆脱对欧洲文化之依附、克服立国根基粗劣自卑这一方面，几乎起到了决定性的力量。从某种程度上来说，当地对国家公园的文化需求，甚至超过环境需求——寻求独特的民族身份，是隐含在景观保护后面最原始的推动力。

再者，诸如保护土著文化、支持环境教育与娱乐、保护相关地域重要景观等方面，国家公园都当仁不让地成为自然和文化兼容的科研、教育、娱乐、保护的综合基地。在不算太长的发展历程中，国家公园寻求着适合本国发展的途径和模式，但无论是自然景观为主还是人文景观为主的国家公园均有这样的共同点：唯有自然与文化紧密结合，才能可持续发展。

具体到中国的国家公园体制建设，同样是我国自然与文化遗产资源管理模式的重大改革，事关中国的生态文明建设大局。尽管中国的国家公园起步不久，但相关的文学书写、文化研究、科普出版，也应该同时起步。本丛书是《自然书馆》大系之第一种，作为一个关于中国国家公园的新概念读本，以10个国家公园体制试点为基点，努力挖掘、梳理具有典型性和代表性的相关区域的自然与文化。12位作者用丰富的历史资料、清晰珍贵的图像、深入的思考与探查、各具特点的叙述方式，向读者生动展现了10个中国国家公园的根脉、深境与未来。

二

地理学家段义孚曾敏锐地指出，从本源的意义上来讲，风景或环境的内在，本就是文化的建构。因为风景与环境呈现出人与自然（地理）关系的种种形态，即使再荒远的野地，也是人性深处的映射，沙漠、雨林，甚至天空、狂风暴雨，无不在显示、映现、投射着人的活动和欲望，人的思想与社会关系。比如，人类本性之中，也有"孤独和蔓生的荒野"；人们也经常会用"幽林""苦寒""崇山""惊雷""幽冥未知"之类结合情感暗示的词汇来描绘自然。

因此，国家公园不仅是"荒野"，也不仅是自然荒野的庇护者，而是一种"赋予了意义的自然"。它的背后，是一种较之自然荒野更宽广、更深沉、更能够回应某些人性深层需求的情感。很多国家公园所处区域的地方性知识体系，也正是基于对自然的理性和深厚情感而生成的，是良性本土文化、民间认知的重要载体。我们据此确立了本丛书的编写原则，那就是："一个国家公园微观的自然、历史、人文空间，以及对此空间个性化的文学建构与思想感知。"也是在这个意义上，我们鼓励作者的自主方向、个性化发挥，尊重创新特性和创作规律，不求面面俱到和过于刻意规范。

约翰·赖特早在20世纪初期就曾说过，对地缘的认知常常伴随着主体想象的编织，地理的表征受到主体偏好与选择的影响，从而呈现着书写者主观的丰富幻想，即以自然文学的特性而论，那就是既有相应的高度、胸怀和宏大视野，又要目光向下，西方博物学领域的专家学者，笔下也多是动物、植物、农民、牧民、土地、生灵等，是经由探查和吟咏而生成的自然观览文本。

所以，在写作文风上，鉴于国家公园与以往的自然保护区等模式不同，我们倡导一种与此相应的、田野笔记加博物学的研究方式和书写方式，观察、研究与思考国家公园里的野生动物、珍稀植物，在国家公园区域内发生的现实与历史的事件，以及具有地理学、考古学、历史学、民族学、人类学和其他学术价值的一切。

我们在集体讨论中，也明确了应当采取行走笔记的叙述方式，超越闭门造车式的书斋学术，同时也认为，可以用较大的篇幅，去挖掘描绘每个国家公园所在地区的田野、土地、历史、物候、农事、游猎与征战，这些均指向背后美学性的观察与书写主体，加上富有趣味的叙述风格，可使本丛书避免晦涩和粗浅的同类亚学术著作的通病，用不同的艺术手法，从不同方面展示中国国家公园建设的文化生态和景观。

三

我们不追求宏大的叙事风格，而是尽量通过区域的、个案的、具体事件的研究与创作，表达出个性化的感知与思想。法国著名文学批评家布朗肖指出，一位好的写作者，应当"体验深度的生存空间，在文学空间的体验中沉入生存的渊薮之中，展示生存空间的幽深境界"。从某种意义上来说，本书系的写作，已不仅关乎国家公园的写作，更成为一系列地域认知与生命情境的表征。有关国家公园的行走、考察、论述、演绎，因事件、风景、体验、信念、行动所体现的叙述情境，如是等等，都未做过多的限定，以期博采众长、兼收并蓄，使地理空间得以与"诗意栖居"产生更为紧密的关联。

现在，我们把这些弥足珍贵的探索和思考，用丛书出版的形式呈现，是一件有益当今、惠及后世的文化建设工作，也是十分必要和及时的。"国家公园"正在日益成为一门具有知识交叉性、系统性、整体性的学问，目前在国内，相关的著作极少，在研究深度上，在可读性上，基本上处于一个初期阶段，有待进一步拓展和增强。我们进行了一些基础性的工作，也许只能算作是一些小小的"点"，但"面"的工作总是从"点"开始的，因而，这套丛书的出版，某种意义上就具有开拓性。

"自然更像是接近寺庙的一棵孤立别致的树木或是小松柏，而非整个森林，当然更不可能是厚密和生长紊乱的热带丛林。"（段义孚）

我们这一套丛书，是方兴未艾的国家公园建设事业中一丛别致的小小的剪影。比较自信的一点是，在不断校正编写思路的写作过程中，对于国家公园自然与文化景观的书写与再现，不是被动的守恒过程，而是意义的重新生成。因为"历史变化就是系统内固定元素之间逐渐的重新组合和重新排列：没有任何事物消失，它们仅仅由于改变了与其他元素的关系而改变了形状"（特雷·伊格尔顿《二十世纪西方文学理论》）。相信我们的写作，提供了某种美学与视觉期待的模式，将历史与现实的内容变得更加清晰，同时也强化了"国家公园"中某些本真性的因素。

丛书既有每个国家公园的个性，又有着自然写作的共性，每部作品直观、赏心悦目地展示一个国家公园的整体性、多样性和博大精深的形态，各自的风格、要素、源流及精神形态尽在其中。整套丛书合在一起，能初步展示中国国家公园的多重魅力，中国山泽川流的精魂，生灵世界的勃勃生机，可使人在尺幅之间，详览中国国家公园之精要。期待这套丛书能够成为中国国家公园一幅别致的文化地图，同时能在新的起点上，起到特定的文化传播与承前启后的作用。

是为序。

刘东黎

2021 年 6 月

目　录

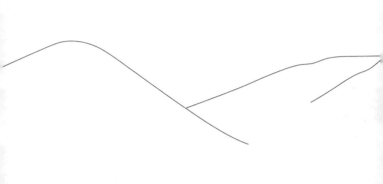

万古丹山

武　夷　山 ◗

一

南朝诗人江淹曾用"碧水丹山"形容武夷山的形胜姿容，"碧水"当然指的是澄澈透明的水，"丹山"有些拗口或者生癖，因为绿水绕青山，多为常见，"丹山"却不常见。红色的山，又会是什么样的呢？在想象中它当然会是朱红或是朱砂红的颜色，及至真的站在了这座山面前，朱或者砂都退后了，你所面对的就是一座赭石般的山。或者是一座历经岁月风雨冲刷改造后的山，严格地讲，它不是一座山，而是一大块巨石，或者是数不清的巨石组成的巨石阵。这气势磅礴的巨石阵，得到了后来人的一个命名——武夷山。

"武夷"两字，传说来源于彭祖，是彭姓父亲留在人间的两个儿子，武和夷，单从字面上看，武，是淘气一些的孩子吧！其形象是健硕勇武的，性格上也是刚毅坚强的；夷，则不同，他是平和恬静的，甚至是宽厚包容的。有时我想，也许就是这样两种性格的孩子在一起，才成就了武夷的山水，武夷山的性格，他是刚性与柔性并出的韧性，柔是与水媲美的山色，空蒙而神秘，韧是山石上经年的纹理，你都说不上是哪年哪月它变成的老成持重。沧桑的里子，在柔美清俊外表的包裹下，的确只能用赏心悦目形容。

等等！"丹山"之"丹"当然首先是指山的外观，另一方面，从地质学的角度而言，这个"丹"字还不那么简单，它指的是丹霞地貌。丹霞地貌，在地质学上，也不是外来词汇，而是本土命名。1935年，陈国达使用"丹霞地形"一词，而"丹霞"二字的最早发明者是冯景兰，他在1928年将"丹霞层"引入地球科学，成就了这个地貌学术语，沿用至今已有93年。相对于无论红层地貌还是砂岩地貌的相似研究，丹霞地貌所指"以陡崖坡为特征的红层地貌"，所述"红"的颜色和"陡崖"特征，叙事了流水侵蚀、红层抬升、风化而成的带来雕塑感的地貌景观。当风、水、生物都成为无尽时间中的刻刀，那么武夷山向我们敞开的平层、棱角、崖壁、溶洞、凹槽、沟槽等等，都如这宇宙宏阔叙事中的一章一节，记录了沧海桑田的变迁，见证了自然的鬼斧神工。

当然，如若更早，从8亿至6亿年前的震旦纪，以一巨人的视角向下俯瞰，这里还是一片汪洋，此后的几亿年间，地壳抬升，深水中形成了多个隆起带与断裂带，一座古陆从海洋中

天游峰云海（黄海 摄）

缓慢升起，渐次甩去了大海的覆盖，此后燕山运动，勾勒了武夷山的轮廓。这个画笔拜火山爆发的熔岩横流所赐，沉降运动中的铁质被固化氧化，有了最初的造型，而最重要的一笔，让武夷山成为"东南大屋脊"还是喜马拉雅运动。1945年黄汲清命名的距今7000万至300万年前新生代的这次造山运动造就了地球上横贯东西的巨大山脉，成就了喜马拉雅山的世界屋脊，同时也成就了武夷山现在的雏形，使之像一个巨大的褶皱，与海并行。此后的武夷山，都是在这一运动造型的基础上，经由风、水、生物的各种画笔或雕刻刀，将之斧凿、涂染，以成为今天的样子。这个样子当然也并不就是它的最后，正如一个山中修行的人的面容一样，它的面貌其实还没有最后定型。

哎，以前只知道喜山运动，使得海水从青藏高原全部退出。现在想想那时的地球空无一人，只有断裂、褶皱、岩浆，板块之间的大幅度冲撞与扭曲，大地在沉降与隆起之间，在水与火的淬炼之中，雕塑着自己新的面容，那该是怎样的一种宏阔壮观的景象。而此后，岁月剥蚀造就的丹霞之奇观，只是那场壮阔运动的序幕之后的正常剧目。

丹霞地貌也分早、中、晚期，仿佛一个人的青年、壮年和老年，再细分下去，还会有青年早、晚期，壮年早、晚期，老年早、晚期。中国丹霞地貌分布很多，据考证有一千多处，南方居多。我脑海里的景象大约是这样的，早期的丹霞地貌如水墨画一样，浅淡而灵秀，还有些混沌初开的模样；晚期的丹霞地貌则是枯墨或焦墨，干涩而骨瘦，哪怕是残垣断壁也有着不一样的风骨，瘦骨清相，如老僧；只有中期的丹霞地貌，如武夷山正处于盛年，有着葱茏的优雅秀美，同时又有着强韧而板正的筋骨，它站立在那里，孤傲而清高。

其实不然，我专为此查了两位丹霞研究专家的著作，一是彭华《丹霞地貌学》，一是黄进《武夷山丹霞地貌》。从彭华著作中，我了解到丹霞的发育分期与我的个人想象不尽相同："青年期一般有红层高原面或破碎的高原面，后者往往表现为大致等高的山峰代表的古夷平面或红层沉积顶面；青年晚期可形成密集的雏形峰丛和峡谷组合。壮年期是起伏最大的阶段，红层切割破碎，总体上表现为峰丛—峰林状外貌；一般早期为峰丛状，晚期为峰林

玉女峰（黄海 摄）

状，或峰丛—峰林组合状。老年期总体上表现为高差较小，丹霞地貌浑圆化或丘陵化，组合常常为疏散峰林与宽谷形态，宽阔山谷或平原中散布孤峰，可能局部保留峰丛景观；老年晚期向消亡转化，地貌呈丘陵化或孤峰—孤石散布，准平原化。"

这应该是学术界认定的权威表述。

如此看来，武夷山的丹霞地貌从形态上即可判断，它同时拥有着多种阶段，不是哪种单一概念的地貌，换言之，丹霞地貌，一个武夷山就已经将它的青年、壮年、老年的不同阶段囊括其中。这种现象在其他地域并不多见，还是用权威的表述相对可靠。学者黄进以从1979年到2010年对武夷山丹霞地貌的7次考察为基点，写成的《武夷山丹霞地貌》一书，填补了武夷山丹霞地貌系统研究的空白。著作列举出的溪南壮年幼年丹霞地貌区、溪北壮年幼年丹霞地貌区、邓家山—下回老年丹霞地貌及河流阶地区、百花岩壮年晚期丹霞地貌区的这4个地貌区，和我们足力或视力能够到达的36峰和99岩印证着它的丰饶。大王峰和玉女峰所昭示的深厚情意，除了岁月中相伴的坚贞解释，我们的语言似乎都到达不了那个地方，那个遥迢的岁月。

那时，还没有你我。世界也是混沌初生。

那个以相当复杂的算法算出了武夷山丹霞地貌年龄的，据说是取了武夷山丹霞最高峰三仰峰——729.2米，而得出它的年龄是606.1万年。606万年，是什么概念？在7000万年与300万年之间，这个年代，确是属于新生代。那是我们目力不及的年代，也是我们心无所属的年代。在时间的长河里，它就是时间本身，是不能以纪年来估算的那片空茫。

由于对山峰的年龄极感兴趣，我还是找到了那个算式：

$$D_{龄} = \frac{H}{Dv_{升}}$$

D龄是地貌年龄，以万年计，H是地貌相对高度，以米计，而$Dv_{升}$是地壳上升速度，以每万年米计。

如此，三仰峰海拔729.2米，减去平水期水位185.5米，取其相对高度543.7米及本地地壳上升速度0.897米/万年，计算得出606.1万年。

以这一公式算，玉女峰的年龄是149.5万年，大王峰的年龄在389.8万年。这是武夷山在公众眼中最著名的两峰，两峰并峙，隔水而望，但从地貌学看，大王峰比玉女峰出生早240.3万年。也就是说，在海枯石烂的漫长岁月里，大王峰足足等了玉女峰240万年之多，这是一种怎样的等待呢？

如果不局限于丹霞地貌，而以完整的武夷山作为视点，武夷山的最高峰是黄岗山。海拔2160米。被称为"华东屋脊"，这座由花岗岩、玄武岩构成的山是中国大陆东南最高峰。山上的植物呈垂直带谱分布，分别是中山草甸带、苔藓矮曲林带、温性针叶林带、针叶阔叶混交林带、常绿阔叶林带五种不同群落的植被带谱。当我到达桐木关的"要隘"，刚刚立定，就被告知上山的路还不是柏油路，因为国家公园的保护要求不可能修柏油路，那是真正的山

常绿阔叶林（黄海 摄）

路，要一步一步走上去。当时已近下午，若步行上山，则需几个小时时间，再下山来，可能天就黑了，只得望"山"兴叹，折返而归。来的路上，我看到了一个很有名的吊桥，从前，游人可以走在上面的，是由于国家公园保护的要求，游人不可以走了。车行路上，山涧数不胜数，让我觉得车轮就是在一些石头与另一些石头上穿行，当然实际上是在一条并不宽敞的林中路上行进，周边石滩上的清水，不同深浅绿色的树木，交替映入眼帘，路因山势而不断转弯，到处是叫不上名字的石头。与我同来的朋友介绍说，那个已空寂不用的吊桥上，曾测出氧离子含量非常高，他说出的那个数字，令我吃惊不小，这是我听说过的，也是到过的地方里最大的关于氧离子的数字，怪不得几天的

一

黄岗山云海（黄海 摄）

行走，一路颠簸，我都未有疲劳之感，原来是丰足的氧气在保护着我。

可能是看到我因未能攀登到黄岗山峰顶而感到遗憾吧，朋友路上向我讲起他曾登顶的所见，我的眼前出现了一片阔野，大面积的萱草，在七月正午阳光的照射下闪着金色的光泽，那是它们自由开放的天地。现在城市的花园里我们也经常见到萱草，但2160米海拔峰顶的萱草，它们是真正野生的萱草，据说也是因为它们，这被俗称为黄花菜开满的地方，才被称为黄岗山。

这次时间不巧，只能在想象中感念那一片萱草的艳丽了，另一位同行者却有不同看法，他说他后来去到峰顶，已见不到萱草了，而是被另一物种所代替，至于是什么野生植物，他

也没有说清，只是解释，山巅上垒石崔嵬。大自然就是这样，也许这就是物竞天择的道理。黄岗山作为中国东南部最高峰，当然不止于文学家的想象，看不见的还有隐藏在绿植下的花岗岩、片麻岩，还有在那岩石与深土中沉默的铜、钨、铅、锌、金、银、锡、铁、锰等矿产。

有幸躲过了第四纪冰川的浩劫，武夷山是地球上同纬度地带保存最完整、最典型、面积也最大的中亚热带原生森林生态系统，这一系统生态的完美体现，在黄岗山又最为典型，从山麓到山顶，我们看到自下而上的不同植被群的分布，从毛竹林到常绿阔叶林，到针叶阔叶林混交林，再到针叶林，再到中山苔藓矮曲林，再到中山草甸，而与这些植被对应的，自下而上，则是红壤、黄壤、山地草甸土，它们

雪后桐木关（黄海 摄）

掩映于翠绿、墨绿、淡绿的植被之间，而在这些总括性的学术语汇下面，是这里数不尽而极珍贵的南方铁杉、鹅掌楸、紫茎和武夷山玉山竹等。一路上，我一定是与他们擦肩而过了，虽然我还不能一一叫出他们的姓名。

大约是看到了我离开江西与福建交界的桐木关关隘后一路沉默吧，同行者提出一同去瞭望塔看看。当爬上星村境内最高的瞭望塔时，满目青山几乎是扑进怀里，如果不是朋友指给我看，我怎么知道我面对着的正是大名鼎鼎的桐木大峡谷。黄岗山西南麓的这个大峡谷，如一道白色的闪电，折叠于两座青山之间，在阳光下闪着白光，耀人眼目，北面是我曾去过的江西，而在这一眼望赣闽的地方，这深切大地的峡谷里，这桐木关断裂谷中就藏着闽江之源

世界红茶发源地——桐木（黄海 摄）

针叶林 / 郑伟 摄

建九曲溪的源头。那道白光，是吗？我不禁自问，作答于我的只有风中颤动的叶子，而我尚不能叫出它的名字。

一句诗就这样飞入脑海。

"我感到是山在行走……而风是它们行进中的乐队。"

是的，这些我看过的青山，"没有一个愿意卑微地屈服"，虽然这诗写的是桂林的山，但放在这里也那么合适。"没有一个愿意卑微地屈服"，写下这些诗句的诗人蔡其矫在《武夷山》诗中写道："有什么样的秘密埋藏在你岩石下面？"

而这个答案，也是我来这里想寻找的。

万古丹山

武　夷　山

二

从瞭望台转过身来，南边与桐木大峡谷相对的，也是相连的，是大竹岚。大竹岚原来不叫大竹岚，而是大竹篮的谐音，它是一处盆地，四面环山，四座山的高度都在千米以上。一路上听到的"先锋岭"，大竹岚就坐落在先锋岭的西南侧，大竹岚知名度之高，怎么形容呢？国际上的生物学界，如果不知道大竹岚，那么他的学术水准是可疑的。也就是说，这是世界生物研究者无人不知、无人不晓的地方。

武夷山国家公园作为中国国家公园体制试点之一，其试点总面积1001.41平方公里，约有210.70平方公里原生性森林植被，有世界同纬度最完整、最典型、面积最大的中亚热带原生性森林生态系统，如若不是大竹岚的存在，这些称谓将大打折扣。300多种鸟儿在此啼鸣，

300多科昆虫在此定居，19种珍稀濒危植物在此生存，47种国家保护动物于此栖居，竹子组成的"绿色王国"，同时也被称为"蛇的王国""鸟的天堂""昆虫的世界"。麻阳溪的穿流而过，为动、植物的生活、繁衍提供了富足的条件，使得这个地点成为"世界生物模式标本重要产地"，同时也是研究亚洲两栖爬行动物的钥匙"。当然，在某些时候，它在物种学上的重要性之于武夷山，几乎可以与"武夷山"互换。准确地说，以桐木大峡谷也称武夷山大峡谷为基点的桐木、挂墩、大竹岚，并不是今天才声名远扬，早在1699年，英国人杰克明·萨姆就以生物学家的身份在桐木一带活动，采集植物标本，当然还有对当地红茶的秘密探寻，到了1823年，法国神父罗文正在挂墩建教堂，采集31000多号植物标本，此后还有美国人、奥地利人来此采集，1843、1848年英国人罗伯特·福琼两次到武夷山，秘密将红茶茶种偷运的过程，在他所著的《两访中国茶乡》一书记录分明。"1848年秋天，我曾经送了大量茶树种到印度……我收集到的植物和种子，现在装满了16个玻璃柜子。"这些树种被运到了印度加尔各答，而福琼的这一举动对中国红茶在世界上的贸易影响，以及给中国经济带来的巨大损失，难以用语言表达。此后的1873年，法国传教士大卫在挂墩采集大量动物标本，标本现在还存于巴黎自然博物馆，大卫之后，英国人在1896到1898年间多次在此采集动物标本，教堂成为收购标本的站点。此后近千种动植物新种在这里被发现，这一地

武夷断裂带雄姿（黄海 摄）

点成为蜚声中外的"生物之窗"。

对于这个"生物之窗",我一个人是没有勇气去的。那里面有太多的未知未见,超过了我的认知,或者说颠覆了我的已知。我能做的只是站在这个山间的瞭望塔,远远地向它行注目礼,向那些我可能一生都无法得缘一见的生命,向那些在国家级自然保护区、联合国教科文组织的"人与生物圈"保护区、"世界文化与自然遗产"地、国家公园试点区内自由生长的生命们致意。

　　　泼水在天空凝固

　　　碧绿快滴下露珠

我能送给你们的也只能是蔡其矫在《大竹岚》一诗中的这个诗句。然而,投给你们的目光却是温和而沉静的。我知道,在清冽的溪水

闽越王城博物馆（黄海 摄）

和暗色的绿竹之间，有光明颤动，也有微风吹拂，有时，它们如呼吸般，与你们交换，与你们接通。

而这一刻，也正如那首诗写的：

希望就在此一刻复活

来自失望的坟墓

来自失望的坟墓吗？也不尽然。或者还有，那些生命层层叠叠，代代相传，更多的生命叠藏在教科书里，我们难得一见。

比如闽越王城遗址，2000年前，它何曾繁华，但还是汉武帝时被一把火烧掉了。在这座南北长860米、东西宽550米、面积约合北京故宫三分之二面积的城中行走，虽然岁月已使它成为断壁残垣、荒草荆莽，虽然它也只有活着的92年历史，终在第93年被历史征战付之一炬。而作为武夷山世界文化与自然遗产重要组成部分的城村古汉城遗址，这个越王勾践后裔无诸的城池，无论是作为当今中国南方保存最完整的汉代诸侯王城也好，还是被称为中国的"庞贝古城"也好，我们都只能从它在深土中发掘出来的铜镞、弩箭、瓦当，以及陶器、丝绸与苎麻，或者空心砖与铁犁等4万多件文物，想见当年的生活与战役，而夯土城墙、卵石古道、宫殿遗址、王宫古井以及室内浴池、排水管道等等，它们向我们讲述着这片寂寞的土地上，也曾行走过一群群年轻蓬勃的人们，昔日的繁盛，在销蚀与残存中，两千年走过，那些人真正是叠入了历史的皱褶之中，只有当你还想着他们的时候，"希望就在此一刻复活，来自失望的坟墓。"

而说到了坟墓。我们不得不谈一谈死亡。

古越人对待死亡的态度让今人颇费思量。我乘竹筏穿越九曲，撑篙者是一位30岁左右的女性，她瘦削而有力，长竹竿在她手里左右点划，简直是出神入化，以致我会忘记置于水上看山的惬意，而享受她在劳动中表现出来的纯粹美感，这是与眼前九曲的景致融为一体的美景。就是她在介绍了一个个峰峦叠嶂之后，顺手一指壁立万仞的高处，映入眼帘的，是一巨形岩石的高处缝隙间，有碎裂不整的木片累积在"洞口"，如果不注意，你都分辨不清那是什么，明显的，那是人力所为，但真的已是久远以前的人了。那是怎样的有力气也有智慧的人做的事呢。"虹桥"，也许还是一种对于高度的向往，一种升天的愿望？"这就是来之前大略你们听说过的架壑船棺。"撑篙的女子说，现在还有十八处，而记载中类似的船棺似有千具之多，据说从观音岩崖洞发现的一号船棺残长就近4米，而白岩取下的二号船棺，近5米长，大抵是底如梭形，底棺两端向上翘起，棺盖应是半圆，如船篷一般。

只能想象古闽族人这种奇特的丧葬方式，而那船形的棺木又是如何在三四千年前通过人力将之放入悬崖峭壁上的岩洞中呢？无论是时间，还是方式，都有诸多解释，答案并不统一，只知道一号船棺经测定距今有4198年，而二号棺由楠木制成，或者那时已有相当锋利的工具可用。无论怎样，船作为闽族人的日常交通工具，已无可置疑，他们山居水行，以捕捞、采集和狩猎为生，而死后也以一船作为

自己的归宿，仿佛生时的泅渡。而高置于悬崖绝壁之上的岩石之间，我想可能一是为了与天接通，二也是为了避过山林中野兽的侵袭。毕竟绝壁之上，是任何虎豹豺狼都无法落脚的。那里，的确有足够的安静，可以以一种如生般尊严的方式重回自然之中。

当然这只是我的猜想。

不难解释那船棺为什么又称"仙舟"。

永生的渴望确是自古就有，而且绵延不绝的。武夷山之所以以"佛家道源"著称，以致成为儒、释、道三教鼎盛的名山，其原由也在它以万古不朽的仪态承载下了古来一代代人的生命祈求，满足着远道而来的避世之人隐遁修身的愿想。

唐天宝七年，公元748年，玄宗封武夷山

武夷松涛（黄海 摄）

为"名山大川"，禁樵采，佛、道两教自此兴旺。但若说佛教的更早传入，大约在魏晋南北朝时期，中原人为避战乱而入闽北，此后才有唐宋时期的佛寺，以及道教的宫观。

武夷山高僧中最有名的当属扣冰藻光，又称扣冰辟支佛，《五灯会元》《高僧传》中都有关于他的记载。他常爱在荆棘中打坐，往往坐定至静，以致"虎踞左右，猕猴供果，朱雀衔花，群物侍伴"，终彻悟人生，证得禅学真谛，成就一代高僧，成为当地的保护神。关于扣冰藻光的传说，是他冬天不用热汤沐浴，而扣冰盥沐，今天的瑞岩寺前，还有一扣冰溪，印证或纪念着这位崇安人的凿冰沐浴，磨炼心性。也正是这种与众不同的修炼方式，使其最终证得了天心明月。

"置身星月上，濯魄水云中"，扣冰藻光只是众多僧人中的一个代表。更多的人来到这里，无论是向内的证悟，还是向自然的返归，都是要向局限的生命求证一个高于身体本来之上的生命，或者使得生命在天人合一的时刻回到生命的本来。佛教的永生不是不朽，而是轮回，他们在自然构筑的大周天中见悟本心，破除一我的局限，以与天地共生。可能正是这一信念，让唐代灵一法师发出了"野泉烟火白云间，坐饮香茗爱此山"的感叹。与自然保持一种深层的联结，从而源源不断地从自然中获取能量，无论佛、道，都是相通的。所以，武夷山作为大自然恢弘而奇秀景象的一方净土，它承载了历朝历代那么多前来修行的人。

而关于扣冰藻光，最打动我的还是《五灯会元》中的一个记载，"闽王躬迎入城，馆於府沼之水亭。方啜茶，提起橐子曰：'大王会么？'王曰：'不会。'师曰：'人王法王各自照了。'"那年，藻光已85岁，被闽王请至福州，两人饮茶间的对话，令人觉得法王的确与众不同，他在以他的方式告知茶之大用，啜茶并不只是一种饮用习惯，茶也不是只有单纯解渴的功能，而是隐含了饮者与自然草木的联结，以茶净心，这也是"寺必有茶，僧必善茗"的道理所在。

"不怕秋风粗布衲，最宜泉水本山茶。"扣冰古佛是重内心修为的，对于日常的仪式，他倒并不在意，有人曾问他：何不诵经？他的回答是——心心常念；又人问他：何不礼佛？

他的回答——念念常敬；又是一问向他迫来：何不升堂？他的回答是——空空说无。

在这古木参天、篁竹蔽地之处，这样的恬淡与对"我执"的全然放下，其实是与更大自然的深度联结，他所要呈示给天地的，不过一个本心一派本真而已。

天心永乐禅寺是武夷山最大也最著名的寺院。这座明代重修、清光绪八年1882年扩建的寺院，原名谓之"山心庵"，后改名谓之"天心"，气魄更加宏大，有接天地之势。寺院最兴盛之时，曾容纳过近200人来此同时修行。36峰群峰并峙，99岩夹崖森列，重峦叠峰，野泉白云，修行者整日而对着碧水丹山氤氲出的清洁之气，即便是如此恢弘的寺院，有如此盛大的建制，它的本心却是朴素的。在山林草木之

大王峰（黄海 摄）

间，寺院无论是极盛还是极寂，它立于天地之间，始终如一地守持着的，仍然是出家人与修行者的质朴本心。

南宋白玉蟾的《玉隆集》6卷、《上清集》8卷、《武夷集》8卷，这些顺水而生、与天合一的文字，大约只能诞生于与人间仙境和谐共存的时刻。大王峰昇真洞通天台，开阔平坦，古木掩映，清风拂面，遁迹山林之幽静，如果要具备与之深层对话的能力，可能也只能寄托于有一颗与山林俱寂的心。山泉汩汩，瑶池胜境，使寄居洞穴的人获得的不只是与天地对话的能力，同时也获得了与我心对话的能力。所以那氤氲于山林中的能量能够源源不断地流注入文字之中。道家之养，其奥秘也许就在于此，第十六小洞天，见识了多少心意合一的事迹，而当那不朽的愿想、永生的渴望，都要用有限的身体去实现时，人的心性之超拔和越过，真的是如万古丹山一般壮美的诗篇。

霞之氤氲，也许暗指"丹山"不只是一座孤山，而是连绵不断的山脉，正如武夷，我们的传说中也要把他变作"他们"——兄弟子嗣，这也与云蒸霞蔚在内里上是一个意思。

于此，在这大历史中行进穿梭的人，才可能是"碧水丹山"的最好注释。

现在可考的最早写武夷山的文字记载，也就是这四个字了，1540多年前，语出《江文通集·自序》中这四个字的江淹（江文通）一直生活于和福建相比而言的北方，济阳考成，据说是现今河南的兰考，而其20岁入幕僚，到其由江苏镇江贬到建安任吴兴令时，也才30岁，而立之年在福建武夷山前的这个命名一直沿用到今天，可谓不朽。与山共老，也许是一切文人的心愿，但是真正使得这座山与自己的完整生命浇铸在一起的，却是另一个人。

万古丹山

武　夷　山　◗

三　◡

朱熹祖籍徽州府婺源。这一地方现在是江西境。但他出生的地方在福建尤溪，11岁随父朱松寄居建州，今建瓯，后父病，又随母赴崇安五夫镇，这一年，他14岁。14岁定居五夫，一直到64岁迁居建阳考亭，除去各地论道及异地为官之外，武夷山和他"纠缠"有50年。这50年，武夷山一直承载着他的学问精进，同时，他也从这座山中找到了他之所以为他，而不可能是别人的、历史上的最终"形象"。

这是真正意义上的"与山共老"了。

人与山的相互成就，也莫不如此。

走进五夫镇，首现映入眼帘的是田畴间的连片荷塘，时至5月，荷花还没有动静，史传记载不一，朱熹的"半亩方塘一鉴开，天光云影共徘徊。问渠那得清如许？为有源头活水

五夫镇朱熹塑像（黄海 摄）

来。"有说写于江西,有说写于福建尤溪城南的南溪书院,我却认定它的写作地就是这里,此地此景,就是朱熹的"半亩方塘"吧。当地人讲到了七八月,大片大片的荷花开时,远远就能闻到荷香。是呵,800多年前的朱熹再熟悉不过的少时景象,应该就是这些荷花了,他就是从这清香之气中穿过,走到了每一个儒学之士800多年里的笔墨绕不开的纸上。

史料载,朱熹一生曾在闽、浙、赣三地为官,先后做过知州、知府等,《宋史》记其"仕于外者仅九考,立朝才四十日。"这样换算,朱熹在外为官27年,在朝廷中有40天。但真正令其走入700多年间儒士纸上的并不是他的为官,虽然他主政期间,以民为本,做过不少好事,但真正让朱熹成为朱熹的,还是他的著书立说、讲学教授。这一点，很像孔子，孔子也是志不得、运不通而在14年的中原奔波之后找到了他的位置，《春秋》之大义，诞生于心境怆然的颠沛流离之后，同时也以一种安宁之心将那人生遭受的苦难幻化为文字，以成就立言，并以立言的方式为社会立德、立心。的确，如朱熹所言，"天不生仲尼，万古如长夜。"朱熹本人，也不是一开始就成为现在学术史上的儒学思想家的，他最早接触到并感兴趣的恰不是儒学，而是佛、道，28岁前，他对于佛、道的兴趣远远大于对于儒学的兴趣，但28岁是一个转折点，这个转折点，当然与他后来的老师李侗有关。

文学史上当然记录着这个转折，有朱熹本人的《春日》为证：

胜日寻芳泗水滨，

无边光景一时新。

等闲识得东风面，

万紫千红总是春。

这首诗并不生僻，初读十分易懂，甚至还有些浅显，连小学生都能郎朗上口。以前总是将这首诗作为一首写景的诗去理解，并没有过多注意到其中的"泗水"一语，而"泗水"，如果从地理区划所属考察的话，十分繁复，从五帝时期到朱熹生活的南宋，它几经划归，隶属于鲁、豫，或邑或郡，不一而足，这可能也是每一地名在历史上的写照吧，然而，如果我们把线头缕一缕，五帝时期的泗水，就隶属于曲阜，而曲阜之于传统文人的意义也是不言而喻的。现在的泗水县仍在山东中南，西接曲阜，南临邹城，一个孔子故里，一个孟子故里，两地我都先后去过，但从我行探的寻索，和我读到的朱熹生平传记中，还未明确发现他实地到过泗水的经历，那么，"泗水"一语在此，是否可以确定为是对圣人孔子遗迹的代指呢？这是可以在读诗中体味的。诗中洋溢着一种开朗而高昂的喜悦调子，"无边光景"也好，"万紫千红"也好，朱熹以诗言志，心境大变，从这首看似普通犹如大白话的诗中，他借诗寓意，表达已经迎来了自己思想生命中的"新春"的欣悦之情。

"接伊洛之渊源，开闽海之邹鲁"，在历史上仅次于孔子——以致赢得前1000多年是孔子，后700多年是朱子的称誉，今天武夷山的武夷宫里仍能看到康熙御笔"集大成而绪千百年绝传之学，开愚蒙而立亿万世一定之归"的评价的，能够当起这一切的，当然并不始于一个李侗的教诲。

从朱松到朱松托付的刘子羽、刘勉之、胡宪等，再到李侗的教诲，以及所学的程颢、程颐等的著述，都深层地进入到他的学术生命中，从而成就着他。而在这之前和之后，那些经书学问也存在，只不过在历史的进程中，它们找到了一个传承。

这个传承，也并不是毫无来由。《宋史》中朱熹本传中讲："熹幼颖悟，甫能言，父指天示之曰：'天也'，熹问曰：'天上何物？'"又传说，"其父指日示曰：'此日也。'熹问，'日何所附？'父答：'附于天。'熹又问：'天何所附？'"所谓学问，便是不舍其问之学，穷尽义理，朱熹自幼与父朱松对答中的深究宇宙之穷尽的"天问"，或许正是我们理解朱熹之成为朱熹的一把钥匙。这把钥匙，不但是开了儒学之门，同样也让我们领会了大儒的包罗万象之胸襟。在儒的格局之中，对于宇宙之所为的探究，对于道、佛的之于宇宙、人心探求的吸纳，从这样的一些小故事中是可以找到交错与共融的。

朱熹之于武夷山的贡献，与武夷山对于朱熹的造就，比较起来，后者对他的精神抚育程度并不弱于前者。可以说，是武夷山滋养出了朱熹这样一位不仅对中国文化而且对世界文化都有大贡献的人。以我之见，无论是27年的出仕还是40天的立朝，这些事功之于朱熹而言，并不能将之与他的同时代的儒士区分开来，朱熹真正有影响的仍在他作为一个儒士的著述与思想上。史实证明，他一生的最大贡献也在于此，所以我更感兴趣的还在他的学问与他的环境的关系，这个环境，当然包括他的生居之地。

1169年，朱熹回到崇安故居，为母亲守墓，建寒泉精舍，在此著述，长达6年，其中的1171年，他于五夫镇建"社仓"，这一行为在当时是一创新，而这创新点的立意还在为生民着想，如若遇灾，能有储备，此心可鉴。这也是儒家民本思想的有形体现。我在五夫镇上行走，眼见朱子巷——传说他儿时读书常走的地方，眼见紫阳楼——传说后来重修的他的居住之所，和他手植的已有参天巨冠的樟树，还有各类与之相关的地点，行走在兴贤街上，脚下

朱子故里·五夫镇（黄海 摄）

是青石铺路，青石下面则是溪水清流，兴贤书院、刘氏家祠、刘氏节孝坊、朱子社仓、连氏节孝坊等古建筑两旁排列，其中兴贤书院建于1163至1189年间，为纪念胡宪而建的，门楣横额是"洙泗心源"。这四个字，令我想起朱熹的那首《春日》的开头一句，朱熹的老师胡宪去没去过泗水，我没有考证，然而这里我以为也是寓意，并深含了对于孔子的敬意。泗水，已经不再是一个单纯的地理概念，而其指向于一种文化的脉络，学术的道统，那"心源"之指，也与给朱熹带来的"无边风景"之欣悦吧。而1171年朱熹创建的社仓，其赈济之用，也来源于这济世之心，现有朱子亲撰的《建宁府崇安县五夫社仓记》可考，如果想进一步了解朱子思想中的民本根基，《社仓记》是一重要参考。

漫步于兴贤街上，有一种时光倒流的感觉，这个交通并不算便利的闽北小镇，始建于中晋，兴于唐，而盛于宋，古称五夫里的地方，历史上的兴盛真的是如在昨日。太阳像是从远古照射过来，街边的小摊子上整整齐齐地摆着五夫盛产的白莲，我想，如果这白莲早已有之，那么朱熹的儿时也会爱吃的吧。

圣人离我们其实并不远。对于"凡人须以圣人为己任"的朱子而言，我以为他的一个关键之年在1175年。

这一年的一次著述，一次论辩注定了要载入史册。

1175年，从1169年算起，应是朱熹六年为母守墓的最后一年，这一年正月间，吕祖谦从浙江来访，两人切磋读书，几番论定，共同编订《近思录》，这是一部了解理学的入门书，同时也是理学的一部概论性著作，它选取了北宋理学家周敦颐、程颢、程颐、张载四人的语录共622条，分类编辑，其后世影响正如清人江永所言："凡义理根源，圣学体用，皆在此编。"足见其影响之巨。"近思"二字，取孔子《论语·宪问》中的"切问而近思"，即思考当前问题之意。朱子本人言及此书，"四子，六经之阶梯；《近思录》四子之阶梯"。既然是"阶梯"，便深含究四人之精华，更是为后世学人仕子提供的性理之学的必备书。

站在五夫的土地上，念及距今846年前，两位学者，均在三四十岁年纪，却担负此任，而在寒泉精舍中研读周、张、二程著作，从那年的冬天，到此后的3年，直至1178年定稿，两人的编辑之功是如此谨严，我想他们的作为继承人的快乐也注入进了那里。以致《四库全书》总目提要言及此书，有"宋明诸儒，若何氏基、薛氏瑄、罗氏钦顺，莫不服膺是书"句，明清以来的刊本，也多到不可列举，注家更是众多，濂、洛、关、闽之学之精华，可以说持此一书，便能得门而入。

关于这部书的更深意义，存后再议。我想说的是，这次吕祖谦的来访，以及与朱熹两人的研读编辑，而直至3年后《近思录》的定稿，对于儒学的发展而言，其重要程度是随着时间的推移，越来越鲜明地显现出来的。1175年的吕、朱之会，于历史上称为"寒泉之会"。这一会晤的成果，是结在武夷山的。我想就是这两个人的不平凡的见面，和他们于一个冬天开始的学术工作，注定了武夷山在今天的意义，它再不只是一座碧水环绕的自然青山，而有了文化传承上的万古意味。

1175年，注定是不平静的一年。

这年五月，朱熹送吕祖谦至信州鹅湖寺，陆九龄、陆九渊、刘清之来会，现在看来也极有可能是吕祖谦想从中调和朱、陆之间的学派之分歧而有意组织的一次论辩，这场论辩达十日之久，对于朱、陆两人影响同样深远，史称"鹅湖之会"。在此次论辩中，陆讲心、理一体，而朱坚执心、理不同。两人各执一词，最终自然是谁也说服不了谁。"心学"与"理学"的"会归于一"的愿望终究落空，但上饶铅山鹅湖山麓下的这场会讲，当时却吸引了闽、浙、赣交界的诸多学者列席旁听，这里虽不属武夷山，但从大的概念上，应属泛武夷山的地理范畴，这场论道，于当是时是盛事，于学术史亦相当重要。两派分歧如陆九渊门人朱亨道所记，"论及教人，元晦之意，欲令人泛观博览而后归之约，二陆之意欲先发明人之本心，而后使之博览。"足见两人的出发点不相同。而鹅湖之会的始作俑者吕祖谦的评论是"元晦英迈刚明，而工夫就实入细，殊未可量。子静亦坚实有力，但欠开阔。"

于这样的崇山峻岭之中，想一想当年鹅湖的各持己见，不禁神驰，那种求同存异的学术之辩，那种思想的交锋碰撞，不仅矫正着两人的各自观点，而且对于时代学术的精进也大有裨益。人心和善，和而不同的包容之心、开放之道，也不仅是朱、陆之辩教会我们的，在那些言语思想的背面，不也包藏着武夷山不一般的胸襟吗？生物多样化的武夷山，似乎是学术多元化的一个物理印证。贵和尚中，善而能容，中国文化不正是一直秉承着这至关重要的一点而走到了今天，走入了人心吗？"鹅湖之会"，成就了后来的鹅湖书院，同样成就的，还有立足于包容性的儒家思想的学术传统与使命担当。

朱熹的担当，当然不只是个人的担当，他把儒家思想发展到了一个在他那个时代的个人所能达到的最大范围，理解了这一点，我们就会理解他为什么如此重视书院建设，对于教育的重视，向来是儒家思想的一个重要方面，孔子学说就是由七十二弟子予以传承的，孔子去鲁在中原行走14年，从来没有放弃的就是教育，14年后孔子回到的还是一方书桌上。教育的重要，对于时代而言，是不言自明的。1175年的"鹅湖之会"之后，一定是认识到了教育之于思想体系成型与传承的重要性，而在4年后的1179年，朱子知南康军时，重修白鹿洞书院，使得唐贞元年间李渤的白鹿洞，南唐达到兴盛，而至北宋末毁于兵火的书院得以重建，直至宋孝宗御赐"白鹿洞书院"门额。在此之前，白鹿洞书院虽然历史有名，但当重修之前已是"屋宇不存""基地埋没""莽为荆榛""荒凉废坏"，如若不是朱熹考察书院现状后一再上本朝廷，书院的今天很可能是另外的样子。面对庐山境内以百十计的佛寺道观，朱熹更是忧心忡忡，所以他在上本朝廷的《白鹿洞牒》中，才可能那么切中要害而又恳切非常，他说："至于儒生旧馆，只此一处，既是前朝名贤古迹，又蒙太宗皇帝给赐经书，所以教养一方之士，德意甚美，而一废累年，不复振起，吾道之衰既可悼悼惧，而太宗皇帝敦化育才之意，亦不著于此邦，以传于世。"足见其对书院教化功能的重振之意。

在白鹿洞书院，在重建院宇、筹措院田、延请名师、充实图书等事之外，仍有两件事值得在此铭记：一是制订学规，《白鹿洞书院揭示》直到今天仍为教育界所重视，其中"父子有亲，君臣有义，夫妇有别，长幼有序，朋友有信。右为五教之目。博学之、审问之、慎思之、明辨之、笃行之……"体现了儒家思想的精髓，也为当时书院所普遍遵行。二是南宋理学另一学派陆九渊来访，朱熹曾在"鹅湖之会"与他有过激烈的论辩，两人并未达成意见的一致，然而对这个意见与自己并不统一、甚至是各执一词、在学术上当仁不让的来访者，朱熹的表现是如此欢迎和高兴。他先是答应了陆九渊邀他写陆九龄（鹅湖之会上也是朱熹论辩的主要对手）的墓志铭，再是热情邀请这位学术上有异于己的学人留在白鹿洞讲学，这是怎样的胸襟？陆九渊讲述了孔子所言"君子喻于义，小人喻于利"，这个讲义我还没有拜读得到，据说当时是刻在石头上的，以让后人有所遵循，然而史传记载听课的学生"至有流涕者"，足见陆九渊的研究之精微，同时也体现了朱熹不以个人喜好加之，而是更看重教育传承的本义，从而以一种开放的态度维护、营造着学术上也是书院文化所应秉持的百家争鸣的气氛。

怪不得在书院几经磨折而最终重修落成之时，朱子有诗录记，其中"重营旧馆喜初成，要共前贤听鹿鸣"句，言志言情，而"深源定自闲中得，妙用无从乐处生。莫问无穷庵外事，此心聊与此山盟。"则将"深源""妙用"的探求，与山结盟。

对于书院的贡献，朱熹之于白鹿洞书院并不是孤例。

1194年，朱熹任潭州知府，第一件事便是兴学岳麓，有言为证："学兼岳麓，修明远自前贤，而壤达洞庭。"使这座自976年建成、1015年宋真宗亲书"岳麓书院"匾额、两宋之交又遭战火而张栻主教书院后起死回生的书院真正获得重生与鼎盛。岳麓书院之所以当时称为颇有影响的"四大书院"，而今仍有"千年学府"之称，与朱熹的作为是分不开的。而朱熹之所以对岳麓书院有感情，虽有广义的对书院职能的治心修身的认定有关，同时也有自己生命中的一段重要的体验而带来的深情。

1167年，历史上著名的"朱张会讲"就发生在岳麓书院。理不辩不明，所谓会讲，就是学术上的切磋研讨，这一年，朱熹37岁，他前往理学家张栻主教的岳麓书院，想解决的是心中一直所惑的师说不一的《中庸》之义。这次会讲的盛况是记入了史册的，来的听众着实太多，据说书院中的水池都干了，而讨论到最激越处，"二先生论《中庸》之义，三日夜而不能合。"一边是南宋"闽学"创始者朱熹的"往从而问"的诚恳与谦逊，一边是理学湖湘学派代表张栻的坦率与认真，两人同登麓山观日，但在学术上却也秉持和而不同，会讲内容涉及中和说、太极说、知行说等等，但我觉得会讲的内容随着时间的迁移似乎已不重要了，相比较而言，两人的学术风度与学者气度更令人崇敬。分歧时时存在，而分歧双方，仍能在分歧时手手相牵，同观日出，这是怎样的让人羡慕的一种景象！

张栻诗言："怀古壮士志，忧时君子心。"这种情景，这种境界，的确是对古之君子的最好诠释。可以想见，岳麓山下，湘江之畔，治心修向、经世治用，那讲不尽的天理、太极以及仁之要义，可以看作南宋理学不同学派间的在相互碰撞间的相互渗透，"朱张会讲"对于中国思想史的影响之巨，难以衡量，语言的表述对于这场会讲而言几乎是无力的，但元代吴澄在《岳麓书院重修记》中讲朱张会讲的意义，我以为也堪称绝响——"自此之后，岳麓之为书院，非前之岳麓矣，地以人而重也。"

地以人而重，我深以为然。让我深为感动的是朱、张两人在学术论辩之后，同游南岳，衡山的俊美与巍峨见证了他们间的情谊，惺惺相惜，你只有在历史中领略到这种志同道合的情谊才能对之倍加珍惜。相知之深，都放在了《南岳唱酬集》中，张栻有《送元晦尊兄》，而朱熹也有《赋答南轩》，诗中"昔我抱冰炭，从君识乾坤。始知太极蕴，要眇难名论。"则是对张栻学问的极高评价。的确，雪中登山的，还有朱熹的弟子林用之，三人的

《南岳唱酬集》共149首，成为南岳衡山的第一部诗集。"昔我抱冰炭，从君说乾坤，始知太极蕴，要渺难各论"也好；"晚峰云散碧千寻，落日冲飙霜气深。霁色登临寒夜月，行藏只此验天心"也好，都让我们看到了朱熹对山水的热爱，和对友情的看重，"我行二千里，访子南山阴"，朱熹所来与所得，是有一种对于厚意的感念。这种对人的厚意里面，其实也包含武夷山带给他的自然观的根基。

千古风流，日月可鉴。朱张会讲的讲堂里，还有"道南正脉"匾额，为1744年乾隆所赐，言理学南传之正统在兹，在此之前，1687年康熙御赐的"学达性天"，武夷山的武夷精舍也有一个，是说学问修为达到的至高境界。而岳麓书院的"实事求是"，则出自《汉书》"修学好古，实事求是"——言求真务实，方为学问根本。这三个匾，已然将岳麓书院作为南宋理学重镇而至中国书院史上的重要地位揭示得透彻明晰，岳麓书院之兴盛，在历史的长河中之所以成为必然，儒学之复兴而至繁盛，以致人以"潇湘洙泗"相称，此后，王阳明、魏源、曾国藩、左宗棠等等，千年弦歌而不绝，如果我们倒一个线头的话，是由于1194年朱熹的到来，也是由于1167年的朱张会讲，更是由于1165年，刘珙任安扶使而重修岳麓书院使之成为论学之地，是的，学术也好，文化也好，总是有一脉相承的链条的。而刘珙是谁？崇安人，其父刘子羽，正是朱熹的父亲朱松为少时的朱熹托付在五夫里的老师。

这可能正是文化代代相传的奥秘吧！

五夫里！那个远在千里之外的武夷山，仍能通过某种奇妙的联系对江西九江的白鹿洞书院、湖南长沙的岳麓书院发生某种作用，这只是偶然吗？

"朱张会讲"，衡云湘水，朗月清风，固然开书院会讲之先河，其中求同存异、兼收并蓄之学风，也使得言行一致、务实崇真的理学精神借助开放包容之襟怀而拥蹙者众。一路上走，我不断俯身于展开在面前的地图，仔细地看，深入地看，你会发现，从武夷山出发，有一个文化的辐射线，而联结着这一个个地点，你会发现，从程颢、程颐去世的1085、1107年之后到1130年出生的朱熹之间，学术上有一档期，但不多时间便也为南移的学术发展而填平，你会发现，那维系着学术道统不致断裂的人，他们的讨论，他们的著述，他们的探寻，你会发现，张栻的岳麓书院，朱熹的白鹿洞书院，吕祖谦的丽泽书院，陆九渊的象山书院，这一个个地名如文化经络上的一个个穴位，而一个个儒士所进行的正是一场场的"输血"工作，是他们，让在历史上由于战乱而萎顿的文化不致荒芜；当然，俯身于地图上的你，还会发现，那些已然为现代人所忽略、为蔓草所淹没覆盖的岳麓峰、赫曦台等等，也许还有更多你没有去过也认不出的地名，它们也远远不是武夷山能装下，甚至连大武夷山也装不下的，但谁又能说，它们，以及它们所包含的历史，真的与武夷山无关呢？

万古丹山

武　夷　山

四

山川环合，草木秀润。

武夷山是朱熹出生和少时求学之地，也是他壮年及老年的学术归宿之地。

与岳麓书院、白鹿洞书院、鹅湖书院的会讲和论辩不同，那些散落在南方各地的书院之于朱熹而言，其在任之时也参与重要书院的重修，但终究带有某种同声相和的"游学"或"研学"的性质，而武夷书院——当时称为武夷精舍——不同，之于朱熹，则是他亲手"缔造"，是他创建的书院，这一年是1183年，朱熹已是53岁。

时至中年，在自己的家乡武夷山九曲溪畔隐屏峰下找到一个学术的归处，这对于朱熹而言有着至关重要的意义，现在我们看到的武夷精舍当然已历经多次重修，"学达性天"四字

九曲溪上游（黄海 摄）

也是后来才有的。那些都是身后得到的。但九曲溪乘筏而下，由五曲上岸，在这背山面水的精舍之外忽而开阔的空间中漫步，会突然有豁然开朗之感，你一下子觉得朱熹对于五曲的地点选择，在他50多岁的时候，有着船到中流、逆水行舟的意味。

"琴书四十年，几作山中客。"朱熹的《武夷精舍杂咏》中《精舍》中的感慨是真实的。武夷精舍，我不知是不是小武夷山最早的书院，但我知道它是改写了武夷山历史的名气最大的书院。它的建材在当时只是瓦木，"一日茅栋成"，当时人称"武夷巨构"，现在看已非原始构建的建筑，并不奢豪，而只是整齐分布，中规中矩，想当年正是在此，朱熹以近8年时间，讲学著述，修订《童蒙须知》，审定《易学启蒙》，完成《孝经刊误》《周子通书》，他在做着教育最基础的工作同时，改写了武夷山人在人们眼里的"蛮荒"印象，当然他还有不止于此的更大目标，让南方的学术续接上自孔子而来的礼仪道统。这个生命中的大目标，在精舍启动创建的那一刻，朱子就已明了于心的吧！

讲书、著述、琴歌、品茗，在碧水丹山之间，是很容易让人觉得是过得神仙的清闲日子的，朱熹作为承担着理学南移后以"程朱理学"相称的学术使命的宗师，他也的确在修建武夷精舍同时创建了不同于北方学术内部的对于自然宇宙的不同理念，那是一种完整的生命学问。但如若只是从山水自然、清幽闲适去考量这时的朱熹，可能还会曲解他的原意，如果单提炼出陆游"我老正须闲处着，白云一半肯分无"的《寄赠朱元晦武夷精舍四首》中的寥寥诗句，可能真会留下朱子闲云野鹤般的中年印象，实则不然。

如若熟悉陆游的这四首诗，便不会做如是看。其中一首是："先生结屋绿岩边，读易悬知屡绝编。不用采芝惊世俗，恐人谤道是神仙。"陆游深知朱熹是不会在寄寓山水间而真做了遗世独立的"神仙"，但他的诗中也不是没有担心和提示，另一首："身闲剩觉溪山好，心静尤知日月长。天下苍生未苏息，忧公遂与世相忘。"对于作为儒家思想之正宗的朱熹，陆游的寄予厚望反映了许多仕人当时的看法。"为天地立心，为生民立命，为往圣继绝学，为万世开太平。"如此使命，朱熹从未敢忘，

1169年他的"绝意仕途，以继二程绝学为己任，奋发读书著述"已可见一斑。

从宋人韩元吉《武夷精舍记》中的记录参看，字里行间或映照了朱熹当年初心。韩元吉写武夷，"武夷在闽粤直北，其山势雄深磅礴……溪出其下，绝壁高峻，皆数十丈。岸侧巨石林立，磊落奇秀。好事者一日不能尽，则卧小舟抗溪而上，号为九曲，以左右顾视。至其地，或平衍，景物环会，必为之停舟，曳杖徙倚而不忍去。山故多王孙，鸟则白鹇、鹧鸪，闻人声或磔磔集崖上，散漫飞走而无惊惧之枋。水流有声，竹柏丛蔚，草木四时敷华。"但韩文目的并不在自然山水，他要揭示的还是朱熹建庐的初衷，所以有"夫元晦，儒者也。方以学行其乡，善其徒。非若畸人隐士

四

摩崖石刻（黄海 摄）

遁藏山谷，服气茹芝，以慕夫道家者流。然秦汉以来，道之不明久矣。吾夫子所谓志于道，亦何事哉？夫子，圣人也，其步与趋莫不有则。至于登泰山之巅而诵言于舞雩之下，未常不游，胸中盖自有地。而一时弟子鼓瑟锵然，'春服既成'之咏，乃独为圣人所予。古之君子息焉者，岂以是拘拘乎？"春服既成，有志于道，讲学施教，著述立言，韩文于当是时的记载不能不说带着感情，但也是史实的真切记录。

说到还原实景，朱熹本人的《武夷精舍杂咏十二首》诗序，对于此地环境也有描写：

武夷之溪东流凡九曲，而第五曲为最深。盖其山自北而南者至此而尽，耸全石为一峰，拔地千尺，上小平处微戴土，生林木，极苍翠可玩；而四颓稍下，则反削而入如方屋帽者，旧经所谓大隐屏也。屏下两麓坡坨旁引，还复相抱。抱中地平广数亩，抱外溪水随山势从西北来。四曲折始过其南，乃复绕山东北流，亦四曲折而出。溪流两旁丹崖翠壁林立环拥，神剜鬼刻，不可名状。舟行上下者方左右顾错愕之不暇，而忽得平冈长阜，苍藤茂木，按衍迤靡，胶葛蒙翳，使人心目旷然以舒、窈然以深若不可极者，即精舍之所在也。

这段描述平实澄净，为我们今天了解武夷精舍获得了一个相当准确的地理方位。

对于朱熹而言，自然描写多数时候也是言志的一种简明而通透的方式。比如："昨夜扁舟雨一蓑，满江风浪夜如何？今朝试卷孤篷看，依旧青山绿树多。"比如："郁郁层峦夹岸青，春山绿水去无声。"比如："不如当去，孤城越绝三春暮，故山只在白云间，望极云深不知处。"比如"睡处林风瑟瑟，觉来山月团团。""身心无累久轻安。"比如："春昼五湖浪烟，秋夜一天云月，此外尽悠悠。永弃人间事，吾道付沧州。"这些诗句未必是写于武夷精舍创建前后，"扁舟"句就写于沧州书院构建之前，但有一点是共通的，就是自然在他的诗中，已不独是自然本身，而有了更多的涵义，那成为心像一部分的"青山绿水"，原只是"独善其身"的一部分，但现在它们所代言的青山绿水有了与人之为人同样重要的指向，那是一种人之为人的创造，对山水的深切致意，同时也有这人的创造与时间中的山水共不朽的意志，是人之为人、以文化人的一代学人所必得承担的文化传承的初心。

如果说此前《鹅湖寺和陆子寿》中有"旧学商量加邃密，新知培养转深沉。却愁说到无言处，不信人间有古今。"还是在旧学与新知间的论辩辗转，而今朱熹的文字，因有了面前的碧水丹山，而峰回路转，气象万千。"精舍"，固有学舍、书斋之意或可作道士、僧人修炼的居所，但也一定有心之房屋之喻。《管子·内业》中讲，"定心在中，耳目聪明，四枝坚固，可以为精舍。"尹知章注为"心者，精之所舍。"精舍，表意指一所居定所，寓意则是心之定所。武夷日日相对，这个归来的人所要建构的已不再只是自己一个人的心之居所，或者学派之间相互说服的一群人、一代人的心之居所，而是一个更深层更宏大的空间中的心之居所。心有所定，邦才能有所安，这，不正是自孔子以降几经磨折也要承续下去的儒家的理想吗？

于此，一个更大的空间——历史——在朱熹胸中展开了。

这种纵向的历史空间的到来，使朱熹看待武夷山的目光与此前有所不同。

其实，仔细品味朱熹在武夷山中写下的《武夷精舍杂咏十二首》中的诗句，便可明了这个初心的再度确认的过程。《仁智堂》一诗："我惭仁智心，偶自爱山水。苍崖无古今，碧涧日千里。"《隐求室》一诗："晨窗林影开，夜枕山泉响。隐去复何求，无有道心长。"山水之间的安居，并不如后人想象的安恬闲适，相反，诗人要从中找到一个心在山水间或是心与山水的平衡。那是一种问答，是自问自答，或者是一次对话，但此时的辩方已不再是张栻或者陆九渊，也不再是一个具体的学者或一个具体的学派，而是苍崖与碧涧中的千里与古今了。

从朱熹的这组诗中我们可以想见和复原当时武夷精舍的建筑周边和物事全貌，包括了仁智堂、隐求室，还有止宿寮、石门坞、观善斋、寒栖馆以及晚对亭、铁笛亭、钓矶、茶灶等等，无一不可入诗，的确是"巨观"；但万里江山如许，真的能盛下朱熹的心吗？他的对面，是听他讲学的学子，而那个对话者又在哪里？冥冥之中，走到了这一刻的他，所能问的只能是自己的那颗心了，而郁郁丛林、峰峦叠

嶂间回答他的也只能是他的那颗心了。这可能
就是圣人必要在生命的某一刻遭遇的大寂寞。

> 朝开云气拥,
>
> 暮掩薜萝深。
>
> 自笑晨门者,
>
> 那知孔氏心。

这是《武夷精舍杂咏十二首》中的《石
门坞》。

> 削成苍石棱,
>
> 倒影寒潭碧。
>
> 永日静垂竿,
>
> 兹心竟谁识。

这是《武夷精舍杂咏十二首》中的《钓
矶》。

五月,天游峰虽险,只一线小道在石头上

蜿蜒而上，但举目望去，还是有历险者不计艰辛，躬身前行。我在武夷精舍附近并没有找到石门坞和钓矶。它们也湮没在历史的荒废与转换之中了吧！然而朱熹的诗留下来了，兹心谁识？在武夷山间埋头于案头注疏的工作之时，这些念头也会偶尔跳出来，但心之"精舍"已然落成，任谁都夺不去他的那个愿望了。

"海阔从鱼跃，天高任鸟飞"的境界就是这样到来的。所以有"仙翁遗石灶，宛在水中央。饮罢方舟去，茶烟袅细香"（《茶灶》）的洒脱与从容。"道南理窟"也就是这样养成的吧！元、明、清"三朝理学驻足之薮"，而当是时的湖湘学人张栻也发出了"当今道在武夷"的感叹。"欲知分时异，应知合处同"，朱熹在"鹅湖之会"与陆九渊思想交锋时，所秉持的这种有容乃大、百家争鸣的态度，在他中年之后的著述中真切地发生着深邃的作用。儒家思想的大一统，我以前时时想不通为什么要趋于同一，而不是各有各致、分庭抗礼，学派的发展为什么要定于一尊，而不能百花齐放？究其实，儒家对于道、佛的汲取以致对于其内部不同流派学问的吸收，已经令其成为一个包容万象的学说，而论辩、会讲，其实于争鸣之中也是对这一大学问的匡正。儒家思想，之所以能在历史上的众多流派的思想中脱颖而出，千年不衰，并不是哪个人哪一个朝廷所能为，而是儒家思想中的先进性，才是令其代代接续而源源流长的深在原因。

　　"先读《大学》，以定其规模；次读《论语》，以定其根本；次读《孟子》，以观其发越；次读《中庸》，以求古人之微妙处。"《四书章句集注》得以进展，理学思想在深山之中得以精进，我以为这像是一个寓言，武夷精舍在中国文化史中的地位也可见一斑。"此邑从此执全国学术之牛耳而笼罩百代。"把一颗心放在了山里。精舍的创建是有意味的。朱熹身后，武夷精舍改为紫阳书院，其后几经更改，山河演变之中，这颗终是保存下的文化之心，担负起了赓续中华文化血脉的责任，而使得此后即便战火频仍，都再无中断。也就是在这个意义上，钱穆曾言，"前古有孔子，近古有朱子，此二人，皆在中国学术思想史及中国文化史上，发出莫大声光，留下莫大影响。旷观全史，恐无第三人堪与伦比。"这种影响与声光，书院大柱上也早有对联，"宇宙间三十六名山，地未有如武夷之胜；孔孟后千五百年，道未有如文公之尊。"

继志传道、立志、居敬、存养、省察、力行，儒学宗师与理学名山，中国文化由此不仅续接上的千年以来的思想脉络，而且，由武夷山辐射到了东亚、南亚以至欧美，在法、德、英、俄、美各国，无论是"格物致知"还是"天人合一"的思想，无论是对于人类哲学伦理、宇宙生成学说还是只是道德规范、个人美德，朱子学说的文化内核都深具影响，为人类的思想进步做出着持久贡献。就是自然科学方面，朱熹的贡献也是巨大的，黄仁宇就曾在他的《中国大历史》中写道，"朱熹在没有产生一个牛顿型的宇宙观之前，先已产生了一个爱因斯坦型的宇宙观。"

的确，关于道体，《近思录》卷一首节便是：

濂溪先生曰："无极而太极。太极动而生阳，动极而静；静而生阴，静极复动。一动一静，互为其根。分阴分阳，两仪立焉。阳变阴合，而生水、火、木、金、土。五气顺布，四时行焉。五行，一阴阳也；阴阳，一太极也；太极，本无极也。五行之生也，各一其性。无极之真，二五之精，妙合而凝，乾道成男，坤道成女。二气交感，化成万物，万物生生而变化无穷焉。惟人也，得其秀而最灵。形既生矣，神发知矣，五行感动而善恶分，万事出矣。圣人定之以中正仁义（本注：圣人之道，仁义中正而已然）而主静（本注：无欲故静），立人极焉。"故圣人与"天地合其德，日月合其明，四时合其序，鬼神合其吉凶"。君子修之吉，小人悖之凶。故曰："立天之道，曰阴与阳；立地之道，曰柔与刚；立人之道，曰仁与义。"又曰："原始反终，故知死生之说。"大哉《易》也，斯其至矣！

——周敦颐《太极图说》

感动我的，还有：

天下之理，终而复始，所以恒而不穷。恒非一定谓也，一定则不能恒矣。惟随时变易，乃恒道也。天地场久之道，天下常久之理，非知道者孰能识之？

——《程氏易传·恒传》

天地自然之理，天独必有对，皆自然而然，非有安排也。每中夜以思，不知手之舞之，足之蹈之也。

——《二程遗书》卷十一

明道先生曰：天地之间，只有一个感与应

而已，更有甚事？

——《二程遗书》卷十五

问仁与心何异？曰：心譬如谷种，生之性便是仁，阳气发处乃情耳。

——《二程遗书》卷十八

性者万物之一源，非有我之得私也。惟大人为能尽其道。是故立必俱立，知必周知，爱必兼爱，成不独成。彼自蔽塞而不知顺吾性者，则亦未如之何矣。

——张载《正蒙·诚明》

凡物莫不有是性。由通、蔽、开、塞，所以有人物之别；由蔽有薄厚，故有知愚之别。塞者牢不可开。厚者可以开，而开之也难；薄者开也易。开则达于天道，与圣人一。

——张载《性理拾遗》

　　无论是濂溪先生，还是明道先生、伊川先生，更有横渠先生，在那个人心危微的时代，他们的思想经由朱熹、吕祖谦编录，成为后世明理做人的依据，而这部书历经3年完成的地点，就在五夫，五夫就在武夷。"四子，六经之阶梯；《近思录》，四子之阶梯。"我上述举例，还都集中于《近思录》卷一《道体》，这一部分在朱熹看来也是全书最难解的部分，所以《朱子语类》中有："……看《近思录》，若于第一卷未晓得，且从第二、第三卷看起。久久后看第一卷，则渐晓得。"

　　原因在后面几卷，从微观处讲解，从具体处进入，而第一卷则是统领，是更接近宇宙法则的天理。于此，我们就不难理解其中——

　　"君子主敬以直其内，守义以方其外。敬立而内直，义形而外方。义形于处，非在外也。敬、义既立，其德盛矣，不期大而大矣。德不孤也，无所用而不周，无所施而不利，孰为疑乎？"之于君子的内心正直与行为规范；"父子君臣，天下之定理，无所逃于天地之间。安得天分，不有私心，则行一不义，杀一不辜，有所不为。有分毫私，便不是王者事。"之于王者，不能有私，不负天地的劝诫；以及"夫人心正意诚，乃能极中正之道，而充实光辉。"之于人的品德的修炼之要求；我们从中得到的还有远远超过我们日常对于古人的浅显理解，儒家思想之博大精神，是值得我们仔细而深入地体会的。顺手举两个例子：

比如："大其心，则能体天下之物；物有未体，则心为有外。世人之心，止于见闻之狭；圣人尽性，不以见闻梏其心。其视天下，无一物非我。孟子谓尽心则知性知天以此。天大无外，故有外之心，不足以合天心。"——这讲的是相互体察也相互包容的天、心关系。

再比如："欲知得与不得，于心气上验之。思虑有得，中心悦豫，沛然有裕者，实得也。思虑有得，心气劳耗者，实未得也，强揣度耳。尝有人言：'比因学道，思虑心虚。'曰：'人之血气，固有虚实。疾病之来，圣贤所不免。'然未闻自古圣贤因学道而致心疾者。"——这讲的是学道与心力气血的相互参照颇为辩证的身、心关系。

《近思录》只是一个入门的台阶，它辑注的世间的大道理放在今天并不过时而且仍有意义。周子、程子、张子之书，今天研究者之外的一般人未必有时间细读，然而《近思录》则选其精要，以十四卷共622条予以呈现，许多人也许会误解它只是供学者研读的著作，殊不知其中的道理对每个普通人都有教益。比如，"人只有个天理，却不能存得，更做甚人也！"比如，"心要在腔子里。"比如，"敬胜百邪。"比如，"涵养吾一。"这些平白易懂的道理，人不是不知道，而是需要时时去提醒他不要忘记罢了。

我原对于"格物致知"，以为不过是悉心考察以有所得而已，作为读书人而言，其实我们不都在日日做着这样功课？但某日写作间隙偶读得这样一段——"上而无极、太极，下而至于一草一木一昆虫之微，亦各有理。一书不读，则阙了一书道理；一事不穷，则阙了一事道理。须着逐一件与他理会过。"——这其实并不只是对于读书人说的道理，无论是谁，只要你是一个人，你就不能不理会上至天文下至草木的道理，如若真的无视这些道理，那么，你这个人在漫漫一生中要处理到你所在职责范围的事务时，就会因为没有"逐一件与他理会过"而生发错位或铸成大错。朱子的格物致知，在教人怎样做人的最基本的道理呵。在这个意义上看，"格物、致知、诚意、正心、修身、齐家、治国、平天下"，哪只是对君王所说，它的对象也包含着文化长河中的每一个人。

"静后见万物自然皆有春意。"晚年朱熹已无心再与他人做无谓的纠缠，请辞获准，1194年，朱熹还居建阳考亭，此后再无离开过。站在高丘，可以俯身看到"考亭书院"的牌楼，那上面应是宋理宗时赐的题额，友人指着更远处的低地说，历史上最早的考亭书院，也就是"竹林精舍"——后改为"沧州精舍"——在那边，原有一条小河，后来水位升高，又迁至这里，地势高些的地方。我极目远眺，那里原先是有一片片竹林的吗？也许。如今已是沧海桑田。或者，对于晚年学术使命的自认，精舍取"竹林"意？都已不可再考。只知道，在这里，他经历得太多，而最重的一块命运之石就是"伪学"的打击，让我感念的，就是在这种打击下，他仍以残年病体做着他的理想要他做的工作，完成《周易参同契考异》《楚辞后语》六卷、《楚辞辩证》二卷、《楚辞集注》，修订《韩文考异》十卷，编订

《礼书》，考订《尧典》《舜典》。他生命最后的日子是在修改《大学诚意章》度过的，《四书》集注数十年，最后陪伴他的仍是《四书》。去日无多，他在遗书中言"道理只是恁地，但大家倡率做些艰苦工夫，须牢固着脚力，方有进步处"。儒之气度，士之气节无不在这平白如话的句子里，这种治学与做人坚持到生命最后一刻的精神，使辛弃疾发出了"所不朽者，垂万世名。孰谓公死，凛凛犹生！"的喟叹。

在考亭，我想起了已经与武夷山同样不朽的朱子的《九曲棹歌》。

武夷山上有仙灵，山下寒流曲曲清；

欲识个中奇绝处，棹歌闲听两三声。

一曲溪边上钓船，幔亭峰影蘸晴川；

虹桥一断无消息，万壑千岩锁翠烟。

二曲亭亭玉女峰，插花临水为谁容；

道人不复阳台梦，兴入前山翠几重。

三曲君看架壑船，不知停棹几何年；

桑田海水今如许，泡沫风灯敢自怜。

四曲东西两石岩，岩花垂露碧监毵；

金鸡叫罢无人见，月满空山水满潭。

五曲山高云气深，长时烟雨暗平林；

林间有客无人识，欸乃声中万古心。

六曲苍屏绕碧湾，茅茨终日掩柴关；

客来倚棹岩花落，猿鸟不惊春意闲。

七曲移船上碧滩，隐屏仙掌更回看；

却怜昨夜峰头雨，添得飞泉几道寒。

八曲风烟势欲开，鼓楼岩下水潆洄；

莫言此处无佳景，自是游人不上来。

九曲将穷眼豁然，桑麻雨露见平川；

渔郎更觅桃源路，除是人间别有天。

武夷山九曲溪摩崖石刻上的"逝者如斯"写于哪一年呢？淳熙甲辰仲春时的朱熹，写出这首武夷山九曲溪的最早长诗时，已经将心比心，将一颗心真正放入了深山。

知晓他这颗心的，还有与他并称武夷三翁的另外两位，一是陆游，一是辛弃疾。陆游与朱熹相识于武夷山，被贬绍兴后，是朱熹托人辗转送上纸被，并以茶相送，"纸被围身度雪天"诗句记录的就是这种友情；而辛弃疾长久居住的地方正是江西铅山，在被贬至武夷山冲佑观任祠官时与朱熹引为知己，一个是人中之龙，一个是文中之虎，辛弃疾曾作《酬朱晦翁》诗，中有"历数唐尧千载下，如公仅有两三人。"足见朱熹其人在辛弃疾心中的分量。所以他会写下——

> 所不朽者，垂万世名。
>
> 孰谓公死，凛凛犹生！
>
> 空谷传声，虚堂习听。

从这里眺望，远方群山巍峨，我知道在那群山的深处，在碧水环绕的丹崖之下，有一个他亲手搭建的"精舍"，续接上了几近断裂的文化脉络。青山巍峨，我仿佛看到九曲溪畔的朱熹，在他的前面，是师学罗从彦的李侗，在李侗前面，是师学杨时的罗从彦，在罗从彦前面，是程门立雪，将洛学带到了南方的游酢、杨时——现在九曲溪畔仍留有游酢当年遗迹，那面大石壁上标志着游酢讲学处；而在杨时、游酢的前面，是被两位远道而来的学子感动了

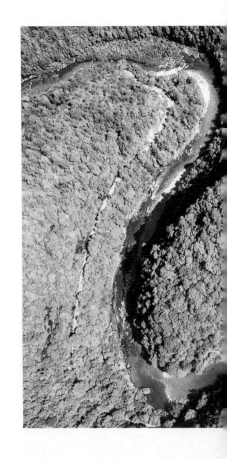

九田畏山脈（黄海﹅道）

的大儒程颐，也许是望着两位求学者的坚毅背影，他才发出了"吾道南矣"的喟叹；而在程颢、程颐的前面，是……孟子，孟子的前面，是孔子。有谁注意到这个文化的链条吗？理学的道南一脉，传至朱熹，才有了学术史、思想史上的"考亭学派"，而学术史、思想史因有了朱熹，理学南传，才完成了儒学于那一时代复兴的使命。

这是一座座怎样壮丽的山峰呵，在文化的内部，又多少仁人志士在往这文化的巨山中输血，道成肉身，我不知能不能用这样的词汇形容，但我坚信，丹山的意义，已不止于它霞一般的光泽和铁一样的外形。

"五曲山高云气深，长时烟雨暗平林；林间有客无人识，欸乃声中万古心。"朱熹以

"客"所指的自况，是知晓"无人识"的大寂寞中还能持有一颗与高山平林一起站立的"万古心"。

故土的九峰山下的大林谷终是收留了他。

而他给我们留下的，则是一座哲学的高峰，同时也是文化的高峰。武夷山，这座后世所称的"理学名山"，正因有了他的到来和他的书写，而变得与众不同。

摩崖石刻（黄海 摄）

万古丹山

武　夷　山

五

五

"千载儒释道，万古山水茶。"已经记不得这个句子最初出自哪里了。

被尊为"茶圣"的陆羽在世界上第一部《茶经》中书写到茶与土的关系："其地，上者生烂石，中者生砾壤，下者生黄土。"意谓，茶树生长以土质论，长在乱石缝隙间的为最好，长在沙石砾壤里的次一等，而最差的是长在黄土中的。《茶经》还对煮茶的水质提出了要求，分出等次，"其水，用山水上，江水中，井水下。"并言："其山水，拣乳泉、石池漫流者上"。就是说，煮茶用水，山水为上等，江水为中等，井水最次。而用上等的山水，则要找钟乳滴下的和山崖中流出的泉水。陆羽对于煮茶的火也是有讲究的，"其火。用炭，次用劲薪。"是说，煮茶的火，用木炭最

星美苔茶核心示范（蓄峰 摄）

好，如果没有木炭，用硬柴火也不错。好了，水之用，火之用，以及茶之生，——武夷山丹霞地貌，茶园土壤由细碎石和风化石组成，疏松透气，烂石砾壤，提供了茶树生长的先天条件。从理论上看，所有的条件都已具备，武夷山得天独厚，有山泉，有劲薪，更有长在乱石缝隙中的茶树，可以说，几乎没有哪一座山能够同时坐享这样的地利。

关键点在于，《茶经》所言年代，是先于武夷山茶名声大噪之前的。陆羽是唐代人，他不可能对于宋代之后才渐渐有影响以致名声远扬的武夷茶有如上的判断，他所说的水、火与茶之生长土壤环境的话，都是基于原理的。如此说来，武夷茶生长的环境之得天独厚，它的水、火、土之于最终到我们手中的一杯茶的关

系，真是有些现实合于书面的意思。茶，生活
于武夷山这样合乎于"茶经"的优渥环境里，
也有如天助。

但是，只是有这些自然条件就足以令一
方水土与茶建立起紧密的关联吗？清人陆廷灿
著《续茶经》，对唐以后的茶事加以续写，其
中，提到了陆羽著作中并没有提到的武夷山，
以这样的眼光看，武夷山的茶在唐代"茶圣"
笔下之能够"隐身"，是不是意味着武夷山在唐
代对于茶还没有大量种植。陆迁灿《续茶经》
书中讲到《随见录》的"凡茶见日则味夺，惟
武夷茶喜日晒。"并言，"武夷造茶，其岩茶以
僧家所制者最为得法。至洲茶中采回时，逐片
择其背上有白毛者，另炒另焙，谓之白毫，又
名寿星眉。摘初发之芽，一旗未展者，谓之莲

子心。连枝二寸剪下烘焙者，谓之凤尾、龙须。要皆异其制造，以欺人射利，实无足取焉。"关于"茶之造"的这段文字信息量足够大，但我们将之简化一下，可以想见，陆迁灿所言要义，一在僧家的参与，僧家心静，对于茶的制成得其要领，没有功利；而禅茶一味的传统，也使那茶之制成为一种修行的内容——足见佛教于茶道的影响。另一意在"岩茶"这一名词的出现，我没有考证当今岩茶之谓是否来源于此，但我想这一称谓现如今已经传开，也许与这部清人之著有一定的深层联系。

就在这部书中，在关于"茶之器"的研读中，我还发现一节这样文字："茶鼎，丹山碧水之乡，月涧云龛之品，涤烦消渴，功诚不在艺术下。然不有似泛乳花浮云脚，则草堂暮

燕子窠生态茶园（黄河 摄）

云阴，松窗残雪明，何以勺之野语清。噫！鼎
之有功于茶大矣哉。"这说明清代之于唐代而
言，对于器物的看重，究其原因，我想还是因
为宋代的生活方式的改变以及审美观的形成
吧！唐代还是宫廷美学占上风，而宋代由于茶
的普及，城市化的进步，形成了相对广泛的市
井美学。由此判断，武夷山的茶虽在《茶经》
中语焉不详，但唐末关于武夷产茶已有诗句，
如"武夷春暖月初圆，采摘新芽献地仙。"而
刻在九曲溪崖石上的"晚甘侯"也是宋人命
名的武夷山茶的别称。总之到了清代，《续茶
经》中武夷山的茶已经跃然纸上，而且当仁不
让，比如"茶之出"一节，让人读来几乎是满
目武夷了。

　　武夷山的茶洞我没来得及去，但《续茶

经》中记有"茶洞在接笋峰侧，洞门甚隘，内境夷旷，四周皆穹崖壁立。土人种茶，视他处为最盛。"松萝法制茶，我只是听过，这次未有机会得见，但在此书中，已有记载，"崇安殷令招黄山僧以松萝法制建茶，真堪并驾，人甚珍之，时有'武夷松萝'之目。"建茶，即武夷山茶的早年称呼，我以为它是一个大的范围概念，但在我的印象中，似乎它也可与武夷山茶相互替换。

太多了。武夷之茶已是写满纸上，这与《茶经》形成鲜明对比，说明自宋以后，武夷山的茶已名气大增。证明是一个接一个，王梓《茶说》："武夷山周回百二十里，皆可种茶。茶性，他产多寒，此独性温。其品有二：在山者为岩茶，上品；在地者为洲茶，次之。

武夷茶园（黄海 摄）

香清浊不同，且泡时岩茶汤白，洲茶汤红，以此有别。雨前者为头春，稍后者为二春，再后为三春。又有秋中采者，为秋露白，最香。须种植、采摘、烘焙得宜，则香味两绝。然武夷本石山，峰峦载土者寥寥，故所产无几。若洲茶，所在皆是，即邻邑近多栽植，运至山中及星村墟市贾售，皆冒充武夷。"这说明当时武夷山茶已大量上市，由于受欢迎已有冒充者出现。我读其文，想着岩茶与洲茶之不同，可能也是水土的细微区分使然。再有张大复《梅花笔谈》："《经》云：'岭南生福州、建州。'今武夷所产，其味极佳，盖以诸峰拔立。正陆羽所云'茶上者生烂石中'者耶！"这是说产茶环境的绝佳。还有《草堂杂录》："武夷山有三味茶，苦酸甜也，别是一种，饮之味果屡变，相传能解醒消胀。然采制甚少，售者亦稀。"古人对于武夷山产茶的功能已有研究，并指出了采、售的量少，物以稀为贵。

《随见录》谈武夷茶，"在山上者为岩茶，水边者为洲茶。岩茶为上，洲茶次之。岩茶，北山者为上，南山者次之。南北两山，又以所产岩名为名，其最佳者，名曰功夫茶。工夫之上，又有小种，则以树名为名。每株不过数两，不可多得。洲茶名色，有莲子心、白毫、紫毫、龙须、凤尾、花香、兰香、清香、奥香、选芽、漳芽等类。"足见那时人们对于武夷茶的认识。其中小种，我以为就是现在我们称的正山小种，那在山崖上的几株野茶树，诸多带有果香花香的茶，可能就是各种岩茶了。

武夷山茶可以追溯到南朝，文字记载最

初在唐朝，但名气大增的时期源自宋代，宋代武夷山茶频频入诗，经范仲淹、欧阳修、梅圣俞、苏轼、蔡襄、朱熹等人的书写，驰名天下，以致到了元明时期，作为贡茶，1302年，九曲溪设有御茶园，17世纪，武夷茶远销欧洲。

在御茶园中小坐，当我拿起面前的茶品味，与我对面相望的，是亚热带季风气候以丰富的水资源、适中的气温、充沛的雨水、富含腐殖质的酸性土壤所养育的树木林丛，陆羽曾说，"烹茶于所产处无不佳，盖水土之宜也。"诚哉斯言。在不远处的五曲的茶台上，朱熹也曾与弟子把茶临风，在仙翁留下的茶灶石上，饮山岚风露，将自己亲手种的茶饮罢，在茶香中乘舟而去，我能看见他的衣衫在风中飘舞并

倒映在水中的样子呵。五曲摩崖之上，还有
"庞公吃茶处"刻文，说明当时临水吃茶也是
一大赏心悦目事。与朱熹同时期在武夷山生活
的道人白玉蟾更有《茶歌》咏之，"味如甘露
胜醍醐，服之顿觉沉疴苏。身轻便欲登天衢，
不知天上有茶无。"

　　在四围都是原生林木的环境下饮茶，你会
体会到此前在城市中任一个地方饮茶都不曾有
过的心静。慧苑寺也不远，但要用些脚力才能
走到，"客至莫嫌茶当酒，山居偏隅竹为邻"，
朱子曾在寺中悟道，不知他的"静我神"几个
字，是对茶而言，还是对山而言呢？

　　武夷山的植被物种十分丰富，而且在红壤
层多生矮小的灌木，它们不与茶树争阳光，反
而供给茶树非凡的营养，它们开出的花产生的

清香，在峡谷中久久氤氲不去，形成了茶叶特有的花香果香。我走在去看大红袍的路上，人们将之称为岩骨花香漫步道，两山之间，锋崖耸立，一道峡谷，谷底水溪潺潺，是从更高的山上流下来汇聚于此吧！那山泉水中，只见细细小小的鱼在成群自由地游动。阳光从峰顶照耀进来，随着峰回路转而洒下来点点斑斓，山谷里的风时时吹过，给行路的人一些清凉。大红袍母株就在这深谷悠长、水流不息中映入眼帘了，它们长在岩石壁上，抬头刹那，我想起的倒不是传说中从朝廷那里归来的仕子为它们披上的红袍，而是范仲淹的一首茶诗，"年年春自东南来，建溪先暖冰微开。溪边奇茗冠天下，武夷仙人从古栽。"

　　能够长在悬崖绝壁上的茶树，才是"仙

岩骨花香慢游道（黄海 摄）

万古丹山

人"所栽了。

在这首名为《和章岷从事斗茶歌》中，我们看到了宋代武夷茶的兴盛。茶走入民间深层的方式，已不只是饮以解渴，而是成为了一种市井文化，这种民间嬉戏的方式，其实不意间深藏着的也包含有宋代文化由上向下的普及性。也就是说，文化已不只是一种精英阶层专有的东西，而是在各个层面有了更广泛的空间、更开阔的意味。武夷茶给民众带来的生活乐趣从这一点可做考量。正如坐在御茶园中的我，茶、水、山、树都已具备，手中所缺的只是那标志着宋代以来美学生活化的日常载体——建盏。

从燕子窠上来，走上公路，不远处便是抬头可望的遇林亭窑遗址。

　　遇林亭窑址地处星村乡燕子窠自然村和武夷山镇白岩自然村交界处的群山之中，20世纪50年代发现时共有6处，规模很大。分布在高星公路的东西两侧。山上可见大量松树，原山谷有小溪，水、木皆备，可能所需的只是火了，松树用来烧窑，溪水用以淬火。但走到山上窑址，我还是着实震惊了，从山下蜿蜒到山上的龙形古窑，深黄颜色的土，夯实的土，经过了烈火的土，兀自立着的土，在站立着的土中间，是瓦的碎片，更确切地说是盏的碎片，它们叠摞在一起，与土粘连，他们来源于土，经了水火，经了古代工匠的手，更经了漫长的岁月，而向我们敞开着一段艺术史上的秘密。

　　我曾说过，古代的工匠就是他们那个时代的艺术家。于此，我还坚持这样观点。不然怎么会有那些神奇到没有一颗钉子的建筑，怎么会有能够闪耀着五彩斑斓的建盏呢？艺术家并不是高高在上的人，而就是将生活中的物、事的美做到极致的人呵！比如在我对面的孙建兴和他的女儿孙莉，一直致力于对于宋代建盏艺术品和工艺的复原、研究与创新，他的院子里就有一座自盖的柴窑。他们父女对于中国非物质文化遗产的保护的最大贡献，就是让这种千年以前的艺术活下去，活在我们今天的文化里。一边采访孙老师，一边从窗子外望过去，那座柴窑沉默着，它还需要一些时日的降温才能开启，这次来无法目睹大师的最新作品了，但从小孙老师忙碌而单薄的身影里我又分明感到了薪火相传的意义。

莲花峰下的遇林亭窑，依山坡而建，或

75米长，或百米多长，专烧制黑釉，也有青釉瓷、碗、盏为主，一次能烧5万到8万件瓷器，这里烧制的描金、银彩黑盏，证明了当时的极高工艺。而日本后来瓷器历史之开端，也是南宋嘉定年间随道元禅师的加藤四郎等从建窑学艺，并将此带回日本的。今天在日本东京静嘉堂文库美术馆、大阪藤田美术馆和京都大德寺龙光院以及日本永青文库，都还收藏着宋代的"曜变天目茶碗"和茶洋窑的"灰被天目"茶碗。在日本茶道师能阿弥所著的《君台观左右帐记》中，我们读到了对于这些原产自中国的艺术品的介绍：

曜变为建盏中的无上神品，乃世上罕见之物，其地很黑，有许多浓淡不同的琉璃状的星斑。另外，还有黄色、白色以及浓琉璃色和淡琉璃色等色泽互相交织，形成美如织锦的釉，相当于价值万匹之物也。

油滴为第二重——其地也很黑，盏心和盏外壁都呈现出许多淡紫泛白的星斑。存世量比曜变要多，价值等同于五千匹之物也。

星盏，不如油滴，其地釉发黑，色泽带有类似金子发光的效果。和油滴同样，也有带星斑的。价值等同于三千匹之物也。

乌盏，形似兔盏的样子。土釉与建盏同样，形状有大小之分。价廉。

鳖盏，与天目茶碗的质地一样，釉色泛黄且发黑，有花鸟及其各种纹样。价值千匹之物也。

玳皮盏，也与天目茶碗的质地相同。釉色黄中带橘色，盏内外布满淡紫色的星斑。廉价。

天目，众所周知，以"灰被"为上品，不

是公方的御用之物。

其中可以确定的是，曜变、油滴、"灰被"天目均产自建窑。

我想起自己近年对于建盏的追踪，始于几年前在福州的"三坊七巷"的漫步，但价高所造成的犹豫，我并没有购得。到了2018年年底的一次西双版纳之行，在我居住的酒店里有一家工艺店，一向对旅游地的工艺品店不太上心的我，这一次被一个建盏迷住了，待取出来，那炫目的五彩，如虹一般，上面竟是兔毫与龙麟都有，蓝色放射出荧光，反过来看，盏底刻的是作者姓名，我记住了是吴立主。因为太喜欢，便讨价还价最终还是买了下来。回北京后以之饮茶，但一次搬家，不慎碰裂，那一刻我的心都有将碎裂之感。也许是为了这个原因，我的行囊中带上了孙建兴先生所赠的《品味建盏——建窑系列建盏恢复研究》一书，而踏上了赴建阳的旅程。

是修复、续缘？寻根？还是朝圣？我说不清楚，但此行改变了我已经成为必然。

毫无疑问，我遇见了一个更大的世界。或者说，一个后山的世界向我打开了门。在这里，我遇见了孙建兴的弟子，还有更多的做建盏的艺术家，我了解到建盏制作的方法，单从工艺上讲，建盏的制作就要经过选瓷矿、碎土、淘洗、配料、陈腐、练泥揉泥、拉坯、修坯、素烧、上釉、装窑、焙烧、出窑等13道工序。我才知道，只有这里特有的含铁量极高的泥制造出来的盏才能称之为建盏；我也才知道原来购得的曜变建盏，那些斑斓夺目的图案根本不是艺术家画上去的，而是火与土与水的再创造；我还记得，看到装窑前竟是同一种釉色的盏排列在那里，我惊奇地说不出话，惭愧于才刚了解到"入窑一色，出窑万彩"，同样的窑，同样的土，同样的胎、同样的釉，同样的烧制，但出来的是完全不同也不可思议的艺术品。一位名叫光明的工艺师告诉我，"从来都是我做一半，天赐一半，而天赐的那一半，只可遇见，不可预见。"这是多么哲学的讲说呵！宇宙、星空、霞光、霓虹，同样的釉，居于不同的窑位、不同的天气、不同的季节、不同的温度，它们最终的呈现绝不相同，这是真正的窑中作画，是天意和神变。光明的确是修来的，修炼一事，不仅在古代学者那里是如此，在今天的艺术家这里更是如此。

如此看来，我们拿在手中的盏也不简单呢。

也是在这里，我第一次看到了民间"大观点茶"还原的宋代点茶。那可是宋徽宗《大观茶论》和蔡襄《茶录》中的步骤啊，从炙茶、碾茶、罗茶、灼盏到点茶、品尝，最后端过来的茶盏里的汤花是乳白色的，能够回忆起来的关键程序大约是，将研细后的茶末放入茶盏，先冲入少量沸水调羹，再慢慢注入沸水，用茶筅击拂，调匀后饮用。

茶兴于唐而盛于宋，所言不虚。我是徐徐饮尽的，当茶汤从我齿间缓缓进入身体，最先跳出来的句子便是："茶色白，宜黑盏，建安所造者绀黑，纹如兔毫，其坯微厚，煽之久热难冷，最为要用，出他处者，或薄或色紫，皆不及也。"蔡襄的书写在这一刻真是走入了现实中。但无论是范仲淹的"黄金碾畔绿尘飞，紫玉瓯中翠涛起"，还是杨万里"鹧鸪碗面云萦字，兔毫瓯心雪作泓"，更有陆游的"活眼砚凹宜黑色，长毫瓯小聚香茗"，其中所提到的"瓯"，最终要装的还是茶。

而茶之所得，同样不易。

尽管诗里总是色香味俱全，但茶人做茶却是与时间比赛。我来武夷山正值暮春，谷雨之后，却正值武夷茶人的最忙季节，最初进到茶庄，一股深重好闻的香气扑面而来，我以为是院子里的香樟木发出来的，友人讲："哪里，这是只有这个季节才有的做茶的香气，这种茶香弥漫到空气里，你呼吸进去，是可以治病的。我还从未有过这样的经历。果然是精神振奋的。"而在赤石，夜晚探访一家做茶世家，与友人们在厅堂喝茶的间歇，跑到后面的茶作坊，看到他们一家简直是赶时间般地做茶，怪不得与我们说话的年轻茶人已经鼻头上火红肿，说这样日夜做茶已经连续几天，接下来的还是要赶紧做出来。而在另一茶厂，一位当家人与我们一边讲话，一边不忘到院子里与伙计们交代，要怎么怎么样，他们都是在赶茶时呵，时时刻刻，茶提醒着他们，而与我讲话也都只能三言两语，对此，他们的言谈中无不表示出歉意，但真正应觉歉意的该是我。就是在九曲溪那样幽静的地方，我也看到溪上的茶船摆过，一袋袋的茶青，被采摘下来，运出去，如果误了工，便是辜负了一年的光景呢。

茶的制作，并不比盏的制作简单。当然茶的品种不一，制作工序也有差别，以大红袍为例，就包括采摘、萎凋、做青、炒青、揉捻、初焙、扬簸、晾索、拣剔、复焙、团包、补火、毛茶、装箱等多道工序，茶叶就是如此。当我们沉醉于"黄金碾畔绿尘飞，紫玉瓯中翠涛起"时，其实是有那么多人为了这生活的诗意正付出着艰辛的劳作。

心手之间的奥秘，只有真正沉入这一劳作的人才能体味，正如那经由水火土木而放在我们面前的这一只盏，它俊逸的背后所凝结着的艺术家的智慧，又岂是外人所能轻易猜测和悟得。

一盏一孤品。就是找到吴立主，我也再

不能寻到和以前那只已经碎裂的一模一样的
盏了。但盏因茶而生，因茶而盛。两者相依
相随，成就了宋代被茶学界称为的"龙凤盛
世"。不远地方的水吉窑我这次终未曾走到，
它作为遇林亭窑之前的"鼻祖"，最长达136
米，堪称世界之最。只有留待下次拜谒了。

"曜乃日、月、星辰之光，变乃色彩变异
之意。"于时间光色中，曜变的又岂止是盏。
茶中乾坤，是一点也不亚于它的容器的。

我在武夷山星村、桐木关一路，在正山小
种诞生的源头，见到的茶人，他们虽居山林，
但襟怀世界，要做最好的茶，使武夷山茶能够
在世界上重新占有重要的一席之地。我知道，
早在17世纪，红茶就已通过海路运往欧洲，还
出现在拜伦《唐璜》的诗里，而真正使英国人

桐木民居（黄海 摄）

彬彬有礼并参与改变了他们的日常生活礼仪
的，还是中国红茶。当然武夷茶运往欧洲并不
止这一条海路，另一个已经开始引起研究者重
视的"万里茶道"，走入了人们视野。我在下
梅村，看到仍有恢弘气势的邹氏家祠堂面对的
梅溪，有些恍惚，我无法想象如此清浅的水，
在当年能驮得起那么众多而沉重的船只，而下
梅还只是万里茶道的起点而已。下梅、赤石我
一一走过，可以想象，从下梅村一路北上，那
些武夷山产的茶，辗转于（中国）武夷山—江
西铅山—信江—鄱阳湖—九江—长江—湖北武
汉—汉江—襄阳—河南唐河—社旗—洛阳—山
西晋城—长治—祁县—河北张家口—内蒙古呼
和浩特—（蒙古）乌兰巴托—（俄国）恰克
图—莫斯科—圣彼得堡—欧洲各国。想到这

里，我忍不住笑了一下，如此说来，我2019年秋天在圣彼得堡一家品牌专卖店购得的一对茶杯，如果从时间上算，1744年伊丽莎白皇后创立的皇家罗蒙诺索夫瓷器厂生产的这个品牌的杯子，一定也斟满过武夷山出产的茶。

而这走过了千里万里的茶，这经过松木之火与山溪之水锤炼的盏，谁说不是受惠于武夷山上的一切呢？它们的灵性与仙气，谁说又与我从未全部见过的至今仍然生长于山上的八千多种动植物无关呢？谁能说它们，与我在武夷山刚刚认识的钟萼木和我还没有见到的金斑喙凤蝶无关呢？

当我站在晒布岩面前，站在"壁立万仞"四个大字面前，我知道我还会来。正如那个我并不认识的远在他国的女士说的那样——如果

五

我在世界上迷了路，请把我送到武夷山。

而我，所等待的正是再一次的上路。

去武夷山！

大事记

1987 年

9月，福建武夷山国家级自然保护区被联合国教科文组织**列入**世界人与生物圈保护区。

1999 年

12月，武夷山被联合国教科文组织**列入**《世界文化与自然遗产名录》，成为世界第23处、中国第4处"双世遗"产地。

2019 年

12月，福建省政府**批准**武夷山国家公园总体规划。

2016 年

6月，国家发展改革委**批复**《武夷山国家公园体制试点区试点实施方案》。

2017 年

6月，武夷山国家公园管理局**正式组建**。

万古丹山

武　夷　山

附录

生态系统
生态安全屏障
历史文化价值
美学价值

　　武夷山是我国东南沿海丘陵与江南丘陵的
分界线，闽江水系、汀江水系与鄱阳湖水系的
天然分水岭。武夷山国家公园体制试点区是全
国唯一一个既加入世界人与生物圈组织，又是
世界文化与自然遗产地的体制试点区。该区
域是世界同纬度保存最完整、最典型、面积
最大的中亚热带森林生态系统。被中外生物
学家誉为"鸟的天堂""蛇的王国""昆虫的世
界""世界生物模式标本产地""研究亚洲两栖
爬行动物的钥匙"。拥有"碧水丹山"特色的
典型丹霞地貌景观和素有"华东屋脊""大陆

东南第一峰"之称的黄岗山（海拔2160米），是我国同类地貌中山体最秀、景观最集中、山水结合最好的自然景观区。

该区域是东南动植物宝库。武夷山为野生动植物的生存和繁衍提供了良好的环境，是众多古老孑遗物种的避难所、集中分布地，是我国生物多样性优先保护区域之一。共记录高等植物292科1126属2829种，野生脊椎动物5纲36目143科396属655种，整理鉴定出昆虫31目6849种，约占我国昆虫种数的1/5，两栖爬行动物资源丰富度高，是世界著名的生物模式标本产地。采集发现的脊椎动物新种62种，包括兽类15种、鸟类27种、爬行类14种和两栖类6种。昆虫模式标本种类更是达到23目194科1163种。以武夷山为模式标本产地的植物达91种。

该区域是中亚热带森林生态系统典型代表。武夷山海拔高差悬殊，植被类型丰富，垂直分布明显，基本囊括了我国中亚热带地区所有植被类型，群落的镶嵌现象明显。以原生性常绿阔叶林为主体的森林生态系统，是我国浙闽沿海山地最具代表性、世界同纬度最典型的中亚热带原生性森林生态系统。

武夷山试点区是闽江源头，为闽江提供了丰沛的水源；是中国东南大陆生物多样性最丰富的地区，为许多古代孑遗植物的避难所，被中外生物学家誉为"东南植物宝库""蛇的王国""昆虫的世界""鸟的天堂""世界生物模式标本产地""研究亚洲两栖爬行动物的钥匙"；是一道天然生态屏障，武夷山脉高大的山体在冬季阻拦、削弱了北方冷空气的入侵，夏季抬升、截留了东南海洋季风，形成了武夷

181

山地区中亚热带温暖湿润的季风气候。类型多样、结构完整、功能完善的森林生态系统，有效抵御了各类自然灾害。

武夷山是我国第四个世界文化与自然双遗产地。以九曲溪、丹霞地貌、武夷大峡谷等为代表的独特自然景观，奇险秀美、气势磅礴，共同绘制了壮观的武夷山水画卷，美学价值突出，国民认同度高，具有极强的吸引力和震撼力。九曲溪两岸的悬崖绝壁上遗留有距今4000多年、全世界发现年代最久远、体现古越人特有葬俗的架壑船棺和"虹桥板"等文化遗存18处，具有被誉为"闽邦邹鲁"的数千年历史文化景观，是中国朱子理学的摇篮，也是中国唯一的"茶文化艺术之乡"，世界乌龙茶与红茶的发源地。

区域内丹霞地貌极具代表性，"碧水丹山"的景观组合价值极高，是我国东南地区最为典型的丹霞地貌景观，也是我国同类地貌中山体最秀、类型最多、景观最集中、山水结合最好、视域景观最佳、可入性最强的自然景观区，在中国名山中享有特殊地位。"华东屋脊"——黄岗山雄伟壮观，有"中国大陆东南第一峰""千峰之首"之美誉。武夷大峡谷，为中国东南地区第一大峡谷。

图书在版编目（CIP）数据

万古丹山 : 武夷山 / 何向阳著. -- 北京 :
中国林业出版社, 2021.9

ISBN 978-7-5219-1342-2

Ⅰ. ①万… Ⅱ. ①何… Ⅲ. ①武夷山—国家公园—
研究 Ⅳ. ①S759.992.57

中国版本图书馆CIP数据核字(2021)第174442号

责任编辑	袁　理
装帧设计	刘临川
出版发行	中国林业出版社（100009 北京 西城区刘海胡同 7 号）
电　　话	010-83143629
印　　刷	北京博海升彩色印刷有限公司
版　　次	2021 年 9 月第 1 版
印　　次	2021 年 9 月第 1 次
开　　本	787mm × 1092mm 1/32
印　　张	5.75
字　　数	55 千字
定　　价	55.00 元